대한민국 법령 시리즈 323

광업법

법령

시행령

시행규칙

해광출판사

머리말

이 책은 방대한 법전을 보지 않고 간편하게 해당되는 법령만 참고해서 볼 수 있도록 하였습니다. 공공기관이나 관련 종사자들이 쉽고 간편하게 해당 법령을 참조 할 수 있도록 하였습니다.

특히 해당법률은 물론 관련 시행령, 시행규칙을 함께 실어 관련법을 서로 참고할 수 있게 하였습니다.

법률이라는 것이 크든 작든 항상 변하는 관계로, 출간 이후의 정확하고 최신의 법률은 법제처 국가법령정보센터에서 확인이 가능하니 법률의 실제 적용 시 확인이 필요한 점 유의하기를 바랍니다.

편집부

* 수록 법률은 법제처 국가법령정보센터에서 확인 가능합니다.
* 발행일 기준 시행 법률이므로 최신 법령은 위 센터에서 볼 수 있습니다.
* 본 책자에 수록된 법률의 문구에 대하여 법적인 효력은 없으며,
  실제 적용 법률은 위 센터에서 최신의 법률로 확인하시기 바랍니다.
* 해당 법령과 함께 시행령, 시행규칙도 수록되어 있습니다.
* 발행일 기준으로 개정 예정 법률은 밑줄로 별도 표시되어 있으며,
  보다 정확한 것은 법제처에서 확인하기 바랍니다.

목차

광업법

[시행 2025. 10. 1.] [법률 제21065호, 2025. 10. 1., 타법개정]

**개정 예정 법률 밑줄 별도 표시.

광업법

[시행 2025. 10. 1.] [법률 제21065호, 2025. 10. 1., 타법개정]

제1장 총칙

제1조(목적) 이 법은 광물자원을 합리적으로 개발함으로써 국가 산업이 발달할 수 있도록 하기 위하여 광업에 관한 기본 제도를 규정함을 목적으로 한다.

제2조(국가의 권능) 국가는 채굴(採掘)되지 아니한 광물에 대하여 채굴하고 취득할 권리를 부여할 권능을 갖는다.

제3조(정의) 이 법에서 사용하는 용어의 뜻은 다음과 같다. 〈개정 2010. 1. 27., 2016. 1. 6.〉

1. "광물"이란 금광, 은광, 백금광, 동광, 연광(鉛鑛), 아연광, 창연광(蒼鉛鑛), 주석광(朱錫鑛), 안티몬광, 수은광, 철광, 크롬철광, 티탄철광, 유화철광(硫化鐵鑛), 망간광, 니켈광, 코발트광, 텅스텐광, 몰리브덴광, 비소광(砒素鑛), 인광(燐鑛), 붕소광(硼素鑛), 보크사이트, 마그네사이트, 석탄, 흑연, 금강석, 석유(천연피치 및 가연성 천연가스를 포함한다), 운모[견운모(絹雲母) 및 질석(蛭石)을 포함한다], 유황, 석고(石膏), 납석(蠟石), 활석(滑石), 홍주석[홍주석. 규선석(硅線石) 및 남정석(藍晶石)을 포함한다], 형석(螢石), 명반석(明礬石), 중정석(重晶石), 하석(霞石), 규조토(硅藻土), 장석(長石), 불석(沸石), 사문석(蛇紋

石), 수정(水晶), 연옥(軟玉), 고령토[도석(陶石), 벤토나이트, 산성백토(酸性白土), 와목점토(蛙目粘土), 목절점토(木節粘土) 및 반토혈암(礬土頁岩)을 포함한다], 석회석[백운석(白雲石) 및 규회석(硅灰石)을 포함한다], 사금(砂金), 규석, 규사, 우라늄광, 리튬광, 카드뮴광, 토륨광, 베릴륨광, 탄탈륨광, 니오비움광, 지르코늄광, 바나듐광 및 희토류광[세륨, 란타늄, 이트륨, 프라세오디뮴, 네오디뮴, 프로메튬, 사마륨, 유로퓸, 가돌리늄, 테르븀, 디스프로슘, 홀뮴, 에르븀, 툴륨, 이터븀, 루테튬, 스칸듐을 함유하는 토석을 말한다] 중 어느 하나에 해당하는 물질을 말하며, 그 물질의 폐광(廢鑛) 또는 광재(鑛滓: 제련하고 난 찌꺼기)로서 토지에 붙어 있는 것은 광물로 본다.

2. "광업"이란 광물의 탐사(探査) 및 채굴과 이에 따르는 선광(選鑛)·제련 또는 그 밖의 사업을 말한다.

3. "광업권"이란 탐사권과 채굴권을 말한다.

3의2. "탐사권"이란 등록을 한 일정한 토지의 구역(이하 "광구"라 한다)에서 등록을 한 광물과 이와 같은 광상(鑛床)에 묻혀 있는 다른 광물을 탐사하는 권리를 말한다.

3의3. "채굴권"이란 광구에서 등록을 한 광물과 이와 같은 광상에 묻혀 있는 다른 광물을 채굴하고 취득하는 권리를 말한다.

4. "조광권"(租鑛權)이란 설정행위에 의하여 타인의 광구에서 채굴권의 목적이 되어 있는 광물을 채굴하고 취득하는 권리를 말한다.

제4조(광물의 채굴) 채굴되지 아니한 광물은 채굴권의 설정 없이는 채굴할 수 없다. 〈개정 2010. 1. 27.〉

제5조(분리된 광물의 귀속) ①광구에서 광업권이나 조광권에 의하지

아니하고 토지로부터 분리된 광물은 그 광업권자나 조광권자의 소유로 한다. 다만, 토지소유자나 그 밖에 토지에 대한 정당한 권원(權原)을 가진 자가 농작물의 경작, 공작물의 설치, 건축물의 건축 등을 하는 과정에서 토지로부터 분리된 광물은 광물을 분리한 해당 토지소유자나 그 밖에 토지에 대한 정당한 권원을 가진 자의 소유로 하되, 그 토지소유자나 그 밖에 토지에 대한 정당한 권원을 가진 자는 분리된 광물을 영리 목적으로 양도할 수 없다. 〈개정 2010. 1. 27.〉

②광구 밖에서 토지로부터 분리된 광물은 그 취득자의 소유로 한다. 다만, 범죄 행위로 인하여 취득한 경우에는 그러하지 아니하다.

제6조(권리와 의무의 승계) 이 법에서 규정한 광업권자 또는 조광권자의 권리와 의무는 광업권 또는 조광권과 같이 이전(移轉)된다.

제7조(행위의 효력의 승계) 이 법에 따라 행한 절차나 그 밖의 행위는 다음 각 호의 어느 하나에 해당하는 자의 승계인에 대하여도 그 효력이 있다.

1. 광업권설정을 출원(出願)하려는 자
2. 조광권자가 되려는 자
3. 광업권설정을 출원한 자(이하 "광업출원인"이라 한다)
4. 조광권설정인가신청자
5. 광업권자
6. 조광권자
7. 토지 소유자
8. 그 밖의 이해관계인

제8조 삭제 〈2016. 1. 6.〉

제9조(석유에 관한 광업권에 대한 특례) ①석유에 관한 광업권은 정부만이 가질 수 있다.

②산업통상부장관은 석유를 채굴하고 취득하려면 대통령령으로 정하는 바에 따라 석유에 관한 광업권을 등록하여야 한다. 〈개정 2008. 2. 29., 2013. 3. 23., 2025. 10. 1.〉

③석유에 관한 광업권에 대하여는 제10조의2(제61조에서 준용하는 경우를 포함한다), 제11조, 제12조, 제15조, 제16조, 제17조(제61조에서 준용하는 경우를 포함한다), 제18조부터 제28조까지, 제30조(제61조에서 제30조제1항을 준용하는 경우를 포함한다), 제31조(제61조에서 준용하는 경우를 포함한다), 제32조(제61조에서 준용하는 경우를 포함한다), 제35조부터 제37조까지, 제38조제1항제3호·제4호 및 같은 조 제3항, 제39조, 제40조, 제41조, 제42조(제61조에서 준용하는 경우를 포함한다), 제42조의2(제61조에서 준용하는 경우를 포함한다), 제43조(제61조에서 준용하는 경우를 포함한다), 제44조(제61조에서 준용하는 경우를 포함한다), 제45조(제61조에서 준용하는 경우를 포함한다), 제46조(제61조에서 준용하는 경우를 포함한다), 제48조, 제49조, 제51조부터 제53조까지, 제56조부터 제59조까지를 적용하지 아니한다. 〈개정 2010. 1. 27.〉

④석유에 관한 광업권에 관하여는 「해저광물자원 개발법」 제5조, 제7조부터 제21조까지, 제26조, 제31조부터 제32조의2까지 및 제34조를 준용한다. 이 경우 "해저조광권"은 "조광권"으로, "해저조광권자"는 "조광권자"로, "해저광물"은 "석유"로, "해저구역도"는 "구역도"로, "해저조광구"는 "조광구"로, "해저광물 채취계획서"는 "석유채

취계획서"로, "해저 광업원부"는 "광업원부"로, "해저광업활동"은 "광업활동"으로, "해저조광권포기서"는 "조광권포기서"로 본다.

제2장 광업권

제9조의2(광업권의 종류) 광업권의 종류는 다음 각 호와 같다.

1. 탐사권
2. 채굴권

[본조신설 2010. 1. 27.]

제10조(광업권의 성질) ①광업권은 물권으로 하고, 이 법에서 따로 정한 경우 외에는 부동산에 관하여 「민법」과 그 밖의 법령에서 정하는 사항을 준용한다.

②광업권은 광업의 합리적 개발이나 다른 공익과의 조절을 위하여 이 법이 규정하는 바에 따라 제한할 수 있다.

제10조의2(외국인의 권리능력) ① 외국인은 다음 각 호의 어느 하나에 해당하는 경우에만 광업권을 가질 수 있다.

1. 그 외국인이 속하는 국가에서 대한민국 국민에 대하여 그 국가의 국민과 동일한 조건으로 광업권을 갖는 것을 인정하는 경우
2. 대한민국이 그 외국인에 대하여 광업권을 갖는 것을 인정하는 경우에는 그 외국인이 속하는 국가에서도 대한민국 국민에 대하여 그 국가의 국민과 동일한 조건으로 광업권을 갖는 것을 인정하는 경우
3. 조약 및 이에 준하는 것에서 광업권을 갖는 것을 인정하고 있는 경우

② 제1항에 따른 외국인의 구체적인 범위는 대통령령으로 정한다.

[본조신설 2010. 1. 27.]

제11조(광업권의 처분 제한) ① 탐사권은 상속, 양도, 체납처분 또는 강제집행의 경우 외에는 권리의 목적으로 하거나 타인이 행사하게 할 수 없다. 〈개정 2016. 1. 6.〉

② 채굴권은 상속, 양도, 조광권·저당권의 설정, 체납처분 또는 강제집행의 경우 외에는 권리의 목적으로 하거나 타인이 행사하게 할 수 없다. 〈개정 2016. 1. 6.〉

[전문개정 2010. 1. 27.]

제12조(광업권의 존속기간) ① 탐사권의 존속기간은 7년을 넘을 수 없다. 〈개정 2010. 1. 27.〉

② 채굴권의 존속기간은 20년을 넘을 수 없다. 〈신설 2010. 1. 27.〉

③채굴권자는 채굴권의 존속기간이 끝나기 전에 대통령령으로 정하는 바에 따라 산업통상부장관의 허가를 받아 채굴권의 존속기간을 연장할 수 있다. 이 경우 연장할 때마다 그 연장기간은 20년을 넘을 수 없다. 〈개정 2008. 2. 29., 2010. 1. 27., 2013. 3. 23., 2025. 10. 1.〉

제13조(광구의 단위구역) ①광구의 경계는 직선으로 정하고 지표경계선의 직하(直下)를 한계로 한다.

②광구는 경도선과 위도선으로 둘러싸인 사각형의 구역(이하 "단위구역"이라 한다)으로 하며, 그 각 모서리 점의 위치는 경도 1분, 위도 1분의 차(差)가 있는 것으로 한다.

③산업통상부장관은 단위구역의 광업지적(鑛業地籍), 변(邊)의 길이

및 면적을 고시한다. 〈개정 2008. 2. 29., 2013. 3. 23., 2025. 10. 1.〉

제14조(단위구역의 예외) ①다음 각 호의 어느 하나에 해당하면 제13조제2항에도 불구하고 광구를 설정할 수 있다.

1. 지형에 따라 단위구역으로 광구를 정하기 곤란한 경우
2. 광물의 종류에 따라 단위구역의 면적이 필요하지 아니한 경우
3. 기존 광구로 인하여 단위구역을 정하기 곤란한 경우
4. 제24조제2항에 따라 광업권설정의 출원구역을 줄여서 허가한 경우
5. 제34조제1항 및 제2항에 따라 광구의 감소처분을 한 경우

②제1항제2호 및 제4호의 경우에 광구는 단위구역의 각 변 길이의 2분의 1로 한 사각형의 구역으로 할 수 있다.

③제1항과 제2항의 경우에 광구 면적의 최대치와 최소치는 대통령령으로 정한다.

④제1항제3호의 경우에 광구의 경계는 기존 광구의 경계로부터 상당한 거리를 두고 측점(測點)을 설치하여 직선으로 정하여야 한다. 다만, 기존 광구의 광업권자와 인접한 광구의 광업권자나 광업출원인이 서로 합의한 경우에는 그러하지 아니하다.

제15조(광업권설정의 출원 등) ① 광업권의 설정을 받으려는 자는 광업권의 종류를 정하여 대통령령으로 정하는 바에 따라 산업통상부장관에게 출원하고 그 허가를 받아야 한다. 〈개정 2010. 1. 27., 2013. 3. 23., 2025. 10. 1.〉

②제1항에 따라 광업권설정의 출원을 하는 자는 광업권설정출원

서에 다음 각 호의 서류를 첨부하여 산업통상부장관에게 제출하여야 한다. 다만, 제2호의 광상에 관한 설명서는 광업권설정출원서를 제출한 날부터 대통령령으로 정하는 기간 내에 제출할 수 있다. 〈개정 2008. 2. 29., 2013. 3. 23., 2016. 1. 6., 2025. 10. 1.〉

1. 삭제 〈2016. 1. 6.〉
2. 대통령령으로 정하는 바에 따라 작성한 광상에 관한 설명서
3. 그 밖에 산업통상부령으로 정하는 서류

③동일한 구역에서 두 종류 이상의 광물을 탐사하거나 채굴하고 취득하려는 경우에는 광물마다 제1항에 따른 출원을 하여야 한다. 다만, 같은 광상에 묻혀 있는 두 종류 이상의 광물을 탐사하거나 채굴하고 취득하려는 경우에는 그러하지 아니하다. 〈개정 2010. 1. 27.〉

④산업통상부장관은 광업권설정의 출원 서류가 완비되지 아니한 때에는 상당한 기간을 정하여 수정하거나 보완하게 할 수 있다. 〈개정 2008. 2. 29., 2013. 3. 23., 2016. 1. 6., 2025. 10. 1.〉

⑤산업통상부장관은 광업권설정의 출원을 받은 경우에는 현장조사를 하여야 한다. 다만, 대통령령으로 정하는 사유가 있을 때에는 현장조사를 하지 아니할 수 있다. 〈개정 2008. 2. 29., 2013. 3. 23., 2025. 10. 1.〉

⑥산업통상부장관은 제5항에 따라 현장조사를 하려는 때에는 조사자, 조사 사항, 출석 장소, 조사 일시(日時)를 지정하고 광업출원인 및 이해관계 있는 광업권자에게 출석할 것을 명할 수 있다. 다만, 조사 일시를 지정할 수 없을 때에는 조사 예정일을 정하고 실제

조사 일시는 조사자의 지정에 따를 것을 명할 수 있다. 〈개정 2008. 2. 29., 2013. 3. 23., 2025. 10. 1.〉

⑦ 제6항에 따라 출석명령을 받은 자가 정당한 사유 없이 출석명령에 응하지 아니한 때에는 출석명령을 받은 자의 출석 없이 현장조사를 진행할 수 있다. 이 경우 출석명령에 불응한 자는 현장조사 결과에 동의하는 것으로 본다. 〈신설 2016. 1. 6.〉

제16조(소멸 광구의 출원 제한) 광업권이 다음 각 호의 어느 하나에 해당하는 경우로서 그 광업권이 소멸한 후 1년 이내에는 소멸한 광구에 등록되었던 광물 및 그 광물과 같은 광상에 묻혀 있는 다른 광물을 목적으로 하는 광업권설정의 출원{광구를 늘리는 증구(增區) 출원을 포함한다}을 할 수 없다.

1. 제12조에 따른 광업권의 존속기간이 끝나 광업권이 소멸한 경우
2. 제35조에 따라 광업권이 취소되어 광업권이 소멸한 경우
3. 제37조제1항에 따라 광업권이 소멸한 경우

[전문개정 2010. 1. 27.]

제17조(공동광업출원인) ①2명 이상이 공동으로 광업권설정의 출원을 한 자(이하 "공동광업출원인"이라 한다)는 그 중 1명을 대표로 정하여 산업통상부장관에게 신고하여야 한다. 대표자를 변경한 경우에도 또한 같다. 〈개정 2008. 2. 29., 2013. 3. 23., 2025. 10. 1.〉

②산업통상부장관은 공동광업출원인이 제1항에 따른 신고를 하지 아니하면 그 대표자를 지정할 수 있다. 〈개정 2008. 2. 29., 2013. 3. 23., 2025. 10. 1.〉

③대표자의 변경은 산업통상부장관에게 신고하지 아니하면 효력이 발

생하지 아니한다. 〈개정 2008. 2. 29., 2013. 3. 23., 2025. 10. 1.〉

④대표자는 국가에 대하여 공동광업출원인을 대표한다.

⑤공동광업출원인은 조합계약을 한 것으로 본다.

제18조(광업권설정 출원이 중복될 때의 우선순위) ①광업권설정의 출원이 같은 구역에 중복된 경우에는 광업권설정출원서의 도달 일시가 앞선 출원이 우선한다.

② 광업권설정출원서가 동시에 도달한 경우에는 채굴권설정의 출원이 탐사권설정의 출원보다 우선한다. 〈개정 2010. 1. 27.〉

③ 광업권설정출원서가 동시에 도달한 경우로서 같은 종류의 광업권설정의 출원이 여럿이면 산업통상부장관이 추첨에 따라 우선자를 결정한다. 〈신설 2010. 1. 27., 2013. 3. 23., 2025. 10. 1.〉

제19조(출원의 각하) 산업통상부장관은 광업권설정의 출원이 다음 각 호의 어느 하나에 해당하면 각하하여야 한다. 〈개정 2008. 2. 29., 2010. 1. 27., 2013. 3. 23., 2016. 1. 6., 2025. 10. 1.〉

1. 제15조제4항에 따라 지정된 기간 내에 서류를 수정하거나 보완하지 아니한 경우

2. 제15조제6항에 따른 명령을 받고 지정 일시에 출석하지 아니하거나 현장조사에서 광물 확인 지점을 명시하지 못하거나 조사 사항에 대하여 입증하지 못한 경우

제20조(중복 광구의 제한) 같은 구역에는 둘 이상의 광업권을 설정할 수 없다. 다만, 이종 광물(異種 鑛物)로서 각각 광업을 경영하여도 지장이 없다고 인정되는 경우와 제31조의 경우에는 그러하지 아니하다.

제21조(동종 광물이 중복될 때의 불허가) 광업권설정의 출원 당시 출원구역이 동종 광물(同種 鑛物) 광구와 중복된 경우 그 중복된 구역에 대한 광업권의 설정은 허가하지 아니한다.

제22조(이종 광물이 중복될 때의 불허가) 광업권설정의 출원구역이 이종 광물 광구와 중복된 경우 산업통상부장관이 각각 광업을 경영하는 데에 지장이 있다고 인정할 때에는 그 중복된 구역에 대한 광업권의 설정을 허가하지 아니한다. 다만, 석회석 광구와 석회석을 모암(母岩)으로 하여 묻혀 있는 이종 광물에 대한 광업권설정의 출원구역이 중복된 경우에는 각각 광업을 경영하여도 지장이 없는 것으로 본다. 〈개정 2008. 2. 29., 2013. 3. 23., 2025. 10. 1.〉

제23조(동종 광물 및 이종 광물) 제18조, 제21조 및 제22조를 적용할 때 같은 광상에 묻혀 있는 이종 광물은 동종 광물로 본다.

제24조(공익상 이유 등에 따른 불허가) ①산업통상부장관은 광업권설정의 출원구역에서 광물을 탐사하거나 채굴하는 것이 공익을 해친다고 인정하거나 산업통상부장관이 정하여 고시하는 광물의 종류별 광체(鑛體)의 규모 및 품위(品位) 등 기준에 미달하는 때에는 광업권의 설정을 허가하지 아니한다. 〈개정 2008. 2. 29., 2010. 1. 27., 2013. 3. 23., 2025. 10. 1.〉

②산업통상부장관은 제34조제7항에 따른 구역에서 광업을 할 경우 국가중요건설사업에 지장이 있다고 인정하면 광업권설정의 출원구역을 줄여서 허가하거나 광업권설정을 허가하지 아니할 수 있다. 〈개정 2008. 2. 29., 2013. 3. 23., 2025. 10. 1.〉

③제1항에 따른 출원구역에서 광물을 탐사하거나 채굴하는 것이

공익을 해친다고 인정되는 기준은 산업통상부령으로 정한다. 〈개정 2008. 2. 29., 2010. 1. 27., 2013. 3. 23., 2025. 10. 1.〉

제25조(광업권설정의 조건부 허가) 산업통상부장관은 광업권설정을 허가할 때 광업의 합리적 개발 또는 다른 공익을 고려할 필요가 있다고 인정하면 일정한 조건을 붙여 허가할 수 있다. 〈개정 2008. 2. 29., 2013. 3. 23., 2025. 10. 1.〉

제26조(광구의 증감·분할 또는 합병) ①광업권설정의 출원구역이나 광구가 다음 각 호의 어느 하나에 해당하면 그 광업권설정 출원구역이나 광구를 증감·분할 또는 합병(탐사권설정의 출원구역이나 광구가 포함되는 합병은 제외한다)하여 출원할 수 있다. 〈개정 2010. 1. 27.〉

1. 광업권설정의 출원구역이 먼저 출원된 출원구역이나 기존 광구와 중복되어 그 중복된 부분을 제거할 경우

2. 광업권설정의 출원구역 또는 광구의 일부나 전부를 단위구역에 일치시키기 위하여 필요한 경우

3. 광업권자가 그 광구의 일부나 전부를 단위구역에 일치시키기 위하여 광구를 분할하거나 합병하려는 경우

②광구의 증감·분할 또는 합병의 출원에 관하여는 제15조, 제18조, 제20조부터 제23조까지, 제24조제1항 및 제28조를 준용한다.

③제1항의 경우에 조광권이나 저당권이 설정되어 있는 광구에 대하여는 조광권자 또는 저당권자의 승낙을 받지 아니하고 광구의 감구(減區)·분할 또는 합병을 출원할 수 없다.

④제3항에 따른 조광권자 또는 저당권자의 승낙에 관하여는 제31

조와 제32조를 준용한다.

제27조(출원인의 명의 변경) ①광업출원인의 명의는 변경할 수 있다.

②상속이나 그 밖의 일반 승계 또는 사망으로 인하여 공동광업출원인이 탈퇴함에 따라 광업출원인의 명의를 변경한 경우에는 지체 없이 산업통상부장관에게 신고하여야 한다. 〈개정 2008. 2. 29., 2013. 3. 23., 2025. 10. 1.〉

③제2항에 따른 사유 외의 사유로 인한 광업출원인의 명의 변경은 그 사실을 산업통상부장관에게 신고하지 아니하면 효력이 발생하지 아니한다. 〈개정 2008. 2. 29., 2013. 3. 23., 2025. 10. 1.〉

제28조(광업권설정) ①광업출원인은 광업권설정의 허가통지서를 받으면 허가통지를 받은 날부터 60일 이내에 대통령령으로 정하는 바에 따라 등록세를 내고 산업통상부장관에게 등록을 신청하여야 한다. 〈개정 2008. 2. 29., 2013. 3. 23., 2016. 1. 6., 2025. 10. 1.〉

②제1항에 따른 등록을 신청하지 아니하면 허가는 효력을 상실한다.

제29조(같은 광상에 묻혀 있는 광물의 추가등록) ①광업권자는 제15조제1항의 광업권설정허가를 받고 제38조에 따라 등록한 광물을 탐사하거나 채굴하고 있는 광상과 같은 광상에 묻혀 있는 다른 광물을 추가로 탐사하거나 채굴하고 취득하려는 경우에는 산업통상부장관으로부터 그 광물의 존재를 확인받아야 한다. 〈개정 2008. 2. 29., 2010. 1. 27., 2013. 3. 23., 2025. 10. 1.〉

②제1항에 따라 산업통상부장관의 확인을 받은 경우에는 그 광물에 대하여 제15조제1항에 따른 광업권설정허가를 받고 제28조제1항에 따른 광업권의 등록신청을 한 것으로 본다. 〈개정 2008. 2. 29., 2013. 3. 23., 2025. 10. 1.〉

③제2항에 따라 광업권의 등록신청을 한 것으로 보는 경우의 광업권등록에 관하여는 제38조를 준용한다.

④제3항에 따라 등록한 광업권의 존속기간은 같은 광상에 이미 등록된 광업권의 존속기간과 같다.

[제목개정 2010. 1. 27.]

제30조(공동광업권자) ①광업권을 공동소유하는 자(이하 "공동광업권자"라 한다)의 대표자 신고 · 지정 · 변경 등에 관하여는 제17조를 준용한다. 이 경우 "공동광업출원인"을 "공동광업권자"로 본다. 〈개정 2010. 1. 27.〉

②공동광업권자의 광업권의 지분은 다른 공동광업권자의 동의 없이는 양도하거나 조광권 또는 저당권의 목적으로 할 수 없다.

제31조(기존 갱도를 이용한 증구의 출원) ①인접한 타인의 광구(이하 "인접광구"라 한다)의 목적광물이 자기 광구의 등록광물과 같은 광상에 묻혀 있는 광물과 동일한 경우에 광상위치 · 부존상태(賦存狀態)로 보아 인접광구에서 따로 개발하는 것보다 자기 광구에서 기존 갱도를 이용하여 개발하는 것이 경제적이고 합리적일 경우에는 그 인접광구의 광업권자 · 조광권자 및 저당권자의 승낙을 받아 광상을 정하여 광구의 증가를 출원할 수 있다.

②제1항의 경우에 인접광구의 광업권자나 조광권자 및 저당권자

는 정당한 이유 없이 승낙을 거부할 수 없다.

③제1항의 출원에 관하여는 제18조·제21조·제22조 및 제24조를 적용하지 아니한다.

제32조(기존 갱도를 이용한 증구의 결정) ①광업권자가 제31조제1항에 따른 승낙을 받을 수 없는 경우에는 산업통상부장관의 결정을 신청할 수 있다. 〈개정 2008. 2. 29., 2013. 3. 23., 2025. 10. 1.〉

②산업통상부장관은 제1항의 결정신청을 받으면 인접광구의 광업권자·조광권자 및 저당권자의 의견을 들어 광구의 증가 여부를 결정한다. 〈개정 2008. 2. 29., 2013. 3. 23., 2025. 10. 1.〉

③산업통상부장관이 제2항의 결정을 한 경우에는 인접광구의 광업권자·조광권자 및 저당권자가 승낙한 것으로 본다. 〈개정 2008. 2. 29., 2013. 3. 23., 2025. 10. 1.〉

제33조(현장조사 및 광구경계측량의 신청) ①광업권자와 그 밖의 이해관계인은 산업통상부장관에게 인접광구에 대한 현장조사를 신청할 수 있다. 〈개정 2008. 2. 29., 2013. 3. 23., 2025. 10. 1.〉

②광업권자와 그 밖의 이해관계인은 산업통상부장관에게 자기 광구나 인접광구의 경계에 대한 경계측량을 신청할 수 있다. 〈개정 2008. 2. 29., 2013. 3. 23., 2025. 10. 1.〉

③산업통상부장관은 제2항에 따른 광구경계측량의 신청을 받으면 「공간정보의 구축 및 관리 등에 관한 법률」 제44조제2항에 따라 측량업의 등록을 한 자에게 그 경계측량을 대행하게 할 수 있다. 〈개정 2008. 2. 29., 2009. 6. 9., 2013. 3. 23., 2014. 6. 3.,

2025. 10. 1.〉

④제1항과 제2항에 따른 신청인은 조사 또는 측량에 드는 비용을 부담하여야 한다.

⑤제3항에 따른 광구경계측량의 대행에 관하여 필요한 사항은 산업통상부장관이 정한다. 〈개정 2008. 2. 29., 2013. 3. 23., 2025. 10. 1.〉

제34조(공익상 이유에 따른 취소처분 등) ①산업통상부장관은 광업이 공익을 해친다고 인정할 때에는 광업권의 취소 또는 광구의 감소처분을 하여야 한다. 〈개정 2008. 2. 29., 2013. 3. 23., 2025. 10. 1.〉

②산업통상부장관은 국가중요건설사업지 또는 그 인접 지역의 광업권이나 광물의 채굴이 국가중요건설사업에 지장을 준다고 인정할 때에는 광업권의 취소 또는 그 지역에 있는 광구의 감소처분을 할 수 있다. 〈개정 2008. 2. 29., 2013. 3. 23., 2025. 10. 1.〉

③국가는 제1항과 제2항에 따른 광업권의 취소처분 또는 광구의 감소처분으로 발생한 손실을 해당 광업권자(취소처분에 따른 광업권의 광구 부분 또는 감소처분에 따른 광구 부분에 조광권이 설정되어 있는 경우에는 그 조광권자를 포함한다)에게 보상하여야 한다.

④제3항에 따라 보상할 손실의 범위는 제1항과 제2항에 따른 광업권의 취소처분 또는 광구의 감소처분에 따라 통상 발생하는 손실로 한다. 이 경우 통상 발생하는 손실은 다음 각 호의 사항 등을 고려하여 산정한다. 〈개정 2016. 1. 6., 2025. 10. 1.〉

1. 산업통상부령으로 정하는 자가 광업권의 취소처분 또는 광구의

감소처분 당시를 기준으로 평가한 광산·광구·시설의 가치

2. 광업권의 취소처분 또는 광구의 감소처분 시까지 해당 광산개발에 투자된 비용

3. 광업권의 취소처분 또는 광구의 감소처분 당시의 탐사, 개발 및 채굴상황

⑤산업통상부장관은 제1항과 제2항에 따른 광업권의 취소처분 또는 광구의 감소처분에 따라 이익을 받은 자가 있을 경우에는 그 자에게 그 이익을 받은 한도에서 제3항에 따른 보상 금액의 전부나 일부를 부담하게 할 수 있다. 〈개정 2008. 2. 29., 2013. 3. 23., 2025. 10. 1.〉

⑥제2항에 따른 처분에 관하여는 「행정소송법」 제23조제2항을 적용하지 아니한다. 〈개정 2010. 1. 27.〉

⑦제2항에 따른 국가중요건설사업지 또는 그 인접지역, 제4항에 따른 통상 발생하는 손실의 구체적인 산정기준 및 절차에 관한 사항은 대통령령으로 정한다. 〈개정 2016. 1. 6.〉

제35조(광업권의 취소) ① 산업통상부장관은 탐사권자가 다음 각 호의 어느 하나에 해당하면 그 탐사권을 취소할 수 있다. 〈개정 2012. 5. 23., 2013. 3. 23., 2016. 1. 6., 2025. 10. 1.〉

1. 제40조를 위반하여 탐사계획의 신고(변경신고는 제외한다)를 하지 아니한 경우

1의2. 제40조의2를 위반하여 산업통상부장관의 허가를 받지 아니하고 굴진탐사를 한 경우

2. 제41조제1항 및 제2항을 위반하여 탐사실적을 제출하지 아니

한 경우

3. 제41조제1항 및 제2항에 따른 기간에 제출한 탐사실적에 대하여 같은 조 제3항에 따른 인정을 받지 못한 경우

4. 제46조에 따른 명령을 위반한 경우

5. 「광산안전법」 제15조의2에 따른 명령을 위반한 경우

② 산업통상부장관은 채굴권자가 다음 각 호의 어느 하나에 해당하면 그 채굴권을 취소할 수 있다. 〈개정 2013. 3. 23., 2016. 1. 6., 2025. 10. 1.〉

1. 제42조제1항부터 제3항까지의 규정을 위반하여 채굴계획의 인가를 신청하지 아니한 경우

2. 제42조제2항 및 제3항에 따른 기간에 인가 신청한 채굴계획에 대하여 같은 조 제1항에 따른 인가를 받지 못한 경우

3. 제42조제1항에 따른 채굴계획 인가를 받은 날부터 3년이 지나도 대통령령으로 정하는 생산실적 또는 투자실적이 없거나 제83조에 따른 보고를 3년간 계속하여 하지 아니한 경우

4. 제42조제4항을 위반하여 채굴계획의 인가를 받지 아니하고 광물을 채굴한 경우

5. 제42조제5항에 따른 채굴계획의 변경명령을 이행하지 아니한 경우

6. 제42조의2제2항에 따른 인가를 받지 아니하고 계속하여 1년 이상 채굴을 중단한 경우. 다만, 채굴을 중단하기 전 3년의 기간에 대통령령으로 정하는 생산실적 또는 투자실적이 있는 경우는 제외한다.

7. 제45조에 따른 시정명령을 이행하지 아니한 경우

8. 제46조에 따른 명령을 위반한 경우

9. 「광산안전법」 제15조의2에 따른 명령을 위반한 경우

③ 산업통상부장관은 제42조제2항 단서에 해당하는 광업권자가 다음 각 호의 어느 하나에 해당하면 그 광업권을 취소할 수 있다. 〈신설 2016. 1. 6., 2025. 10. 1.〉

1. 제42조제2항 단서를 위반하여 채굴계획의 인가를 신청하지 아니한 경우

2. 제42조제2항 단서에 따른 기간에 인가 신청한 채굴계획에 대하여 같은 조 제1항에 따른 인가를 받지 못한 경우

3. 제42조제2항 단서에 따른 채굴계획의 인가를 받지 아니하고 광물을 채굴한 경우

4. 제46조에 따른 명령을 위반한 경우

5. 「광산보안법」 제15조의2에 따른 명령을 위반한 경우

[전문개정 2010. 1. 27.]

제36조(취소와 저당권) ①산업통상부장관은 채굴권을 취소한 경우에는 지체 없이 그 사실을 저당권자에게 통지하여야 한다. 〈개정 2008. 2. 29., 2010. 1. 27., 2013. 3. 23., 2025. 10. 1.〉

②저당권자는 제1항에 따른 통지를 받으면 그 통지를 받은 날부터 산업통상부장관이 지정한 기간에 채굴권의 경매를 청구할 수 있다. 다만, 제34조에 따른 채굴권의 취소의 경우에는 채굴권의 경매를 청구할 수 없다. 〈개정 2008. 2. 29., 2010. 1. 27., 2013. 3. 23., 2025. 10. 1.〉

③채굴권은 경매절차의 완결일까지는 경매목적의 범위에서 존속하

는 것으로 본다. 〈개정 2010. 1. 27.〉

④경락(競落)이 결정되었을 때에는 채굴권의 취소는 효력이 발생하지 아니한 것으로 본다. 〈개정 2010. 1. 27.〉

⑤경매에 따른 매득금(賣得金)은 경매의 비용, 저당권자에 대한 채무의 변제, 광업 종업원의 임금의 순서로 충당하고 나머지는 국고에 귀속한다.

제37조(광업권의 포기 및 소멸등록) ① 폐업 등의 사유로 인한 광업권 포기의 효력은 해당 광업권자가 소멸등록을 신청하여 그 광업권이 소멸등록되어야 발생한다.

② 제1항에 따라 광업권자가 포기한 광업권(채굴권만 해당된다)의 저당권에 관하여는 제36조를 준용한다.

[전문개정 2010. 1. 27.]

제38조(광업권의 등록) ①다음 각 호의 사항은 광업 원부에 등록한다. 〈개정 2010. 1. 27.〉

1. 광물 및 광업권의 종류
2. 광업권 또는 저당권의 설정·변경·이전·소멸 및 처분의 제한
3. 광업권의 존속기간
4. 공동광업권자의 탈퇴

②제1항에 따른 등록은 등기를 갈음한다.

③광업권의 처분이 제한된 경우에는 폐업 등의 사유로 광업권의 소멸등록을 할 수 없다. 〈개정 2010. 1. 27.〉

④광업권의 등록 및 등록된 사항의 변경에 관한 사항은 대통령령으로 정한다. 〈개정 2010. 1. 27., 2016. 1. 6.〉

[제목개정 2010. 1. 27.]

제39조(등록의 효력) 제38조제1항 각 호의 사항은 다음 각 호의 어느 하나에 해당하는 경우 외에는 그 사항을 등록하지 아니하면 효력이 발생하지 아니한다.

1. 상속이나 그 밖의 일반승계로 인한 광업권의 이전
2. 사망으로 인한 공동광업권자의 탈퇴
3. 기간 만료로 인한 광업권의 소멸
4. 혼동 또는 담보하는 채권의 소멸로 인한 저당권의 소멸
5. 제36조 또는 제37조에 따른 경매

제40조(탐사계획의 신고) ① 탐사권자는 탐사권설정의 등록이 된 날부터 1년 이내에 산업통상부령으로 정하는 바에 따라 산업통상부장관에게 탐사계획을 신고하여야 한다. 신고한 탐사계획을 변경한 경우에도 또한 같다. 〈개정 2013. 3. 23., 2022. 2. 3., 2025. 10. 1.〉

② 산업통상부장관은 제1항에 따른 신고 또는 변경신고를 받은 날부터 산업통상부령으로 정하는 기간 내에 신고수리 여부를 신고인에게 통지하여야 한다. 〈신설 2022. 2. 3., 2025. 10. 1.〉

③ 산업통상부장관이 제2항에서 정한 기간 내에 신고수리 여부 또는 민원 처리 관련 법령에 따른 처리기간의 연장을 신고인에게 통지하지 아니하면 그 기간(민원 처리 관련 법령에 따라 처리기간이 연장 또는 재연장된 경우에는 해당 처리기간을 말한다)이 끝난 날의 다음 날에 신고를 수리한 것으로 본다. 〈신설 2022. 2. 3., 2025. 10. 1.〉

[전문개정 2010. 1. 27.]

제40조의2(굴진탐사의 제한) 탐사권자는 굴진탐사(광체의 분포·품위 등을 파악하기 위하여 갱도를 만들어 수행하는 탐사방법을 말한다)를 하여서는 아니 된다. 다만, 불가피한 사유로 산업통상부장관의 허가를 받은 경우에는 그러하지 아니하다. 〈개정 2013. 3. 23., 2025. 10. 1.〉

[본조신설 2012. 5. 23.]

제41조(탐사실적의 인정 및 채굴권설정의 출원 등) ① 탐사권자는 제40조에 따라 탐사계획을 신고한 날부터 3년 이내에 대통령령으로 정하는 바에 따라 산업통상부장관에게 탐사실적을 제출하여야 한다. 이 경우 탐사실적의 제출은 채굴권설정의 출원으로 본다. 〈개정 2013. 3. 23., 2025. 10. 1.〉

② 산업통상부장관은 탐사권자가 대통령령으로 정하는 부득이한 사유로 제1항의 기간에 탐사실적을 제출할 수 없거나 제출한 탐사실적이 제3항에 따른 인정을 받지 못한 때에는 탐사권자의 신청에 따라 한 차례만 3년의 범위에서 탐사실적의 제출기간을 연장할 수 있다. 이 경우 그 연장기간에 제40조에 따른 탐사계획의 신고기간 및 제1항에 따른 탐사실적의 제출기간을 더한 전체 기간은 제12조제1항에 따른 탐사권의 존속기간을 넘을 수 없다. 〈개정 2013. 3. 23., 2025. 10. 1.〉

③ 산업통상부장관은 제1항 및 제2항에 따라 제출받은 탐사실적이 제24조제1항에 따른 광물의 종류별 광체의 규모 및 품위 등 기준에 적합하여 탐사실적을 인정한 때에는 그 탐사실적을 제출한 자에게 채굴권설정의 허가를 하여야 한다. 〈개정 2013. 3. 23.,

2025. 10. 1.〉

④ 제3항에 따른 허가를 받아 채굴권설정의 등록이 된 때에는 제12조제1항에 따른 탐사권의 존속기간에도 불구하고 그 탐사권자의 탐사권은 소멸한다.

[전문개정 2010. 1. 27.]

제42조(채굴계획의 인가) ① 채굴권자는 채굴을 시작하기 전에 산업통상부장관의 채굴계획 인가를 받아야 한다. 인가받은 채굴계획을 변경하려는 경우에도 또한 같다. 〈개정 2013. 3. 23., 2025. 10. 1.〉

② 제1항에 따라 채굴계획의 인가를 받으려는 자는 채굴권설정의 등록이 된 날부터 3년 이내에 대통령령으로 정하는 바에 따라 채굴계획의 인가를 신청하여야 한다. 다만, 2011년 1월 28일 이전에 광업권 등록을 한 광업권자 또는 그 이전에 광업권 설정의 출원을 하였으나 2011년 1월 28일 이후에 광업권 등록을 한 광업권자는 광업권 등록일로부터 11년 이내 또는 탐광계획 신고일로부터 7년 이내에 채굴계획의 인가를 신청하여야 한다. 〈개정 2016. 1. 6.〉

③ 산업통상부장관은 채굴권자가 대통령령으로 정하는 부득이한 사유로 제2항의 기간에 채굴계획의 인가를 신청할 수 없거나 신청한 채굴계획이 제1항에 따른 인가를 받지 못한 때에는 채굴권자의 신청에 따라 한 차례만 1년의 범위에서 채굴계획 인가의 신청 기간을 연장할 수 있다. 〈개정 2013. 3. 23., 2025. 10. 1.〉

④ 채굴권자는 제1항에 따라 채굴계획의 인가를 받지 아니하면 광물을 채굴하거나 취득할 수 없다.

⑤ 산업통상부장관은 광업의 합리적 개발을 위하여 필요하다고 인정하는 때에는 채굴권자에게 채굴계획의 변경을 명할 수 있다. 〈개정 2013. 3. 23., 2025. 10. 1.〉

[전문개정 2010. 1. 27.]

제42조의2(채굴의 시작, 중단 및 재개) ① 채굴권자가 제42조제1항에 따라 채굴계획의 인가를 받은 날에 채굴이 시작된 것으로 본다.

② 채굴권자가 계속하여 1년 이상의 기간 동안 채굴을 중단하려면 기간을 정하여 산업통상부장관의 인가를 받아야 한다. 〈개정 2013. 3. 23., 2025. 10. 1.〉

③ 제2항에 따른 인가를 받아 채굴을 중단한 채굴권자가 채굴을 다시 시작한 경우에는 지체 없이 그 사실을 산업통상부장관에게 신고하여야 한다. 〈개정 2013. 3. 23., 2025. 10. 1.〉

[본조신설 2010. 1. 27.]

제43조(허가 등의 의제) ①제42조제1항에 따라 채굴계획을 인가 또는 변경인가할 때 다음 각 호의 허가·해제 및 협의(이하 이 조에서 "허가등"이라 한다)에 관하여 산업통상부장관이 제2항에 따라 다른 행정기관의 장과 협의한 사항에 대하여는 그 허가등을 받은 것으로 본다. 〈개정 2007. 4. 6., 2007. 12. 21., 2008. 2. 29., 2008. 12. 31., 2009. 6. 9., 2010. 1. 27., 2010. 5. 31., 2013. 3. 23., 2017. 10. 31., 2022. 12. 27., 2025. 10. 1.〉

1. 「공유수면 관리 및 매립에 관한 법률」 제8조에 따른 공유 수면의 점용 및 사용의 허가

2. 「국토의 계획 및 이용에 관한 법률」 제56조에 따른 개발행위

허가

3. 「군사기지 및 군사시설 보호법」 제13조에 따른 행정기관의 허가등에 관한 협의

4. 삭제 〈2007. 12. 21.〉

5. 「농지법」 제34조에 따른 농지전용의 허가

6. 「사도법」 제4조에 따른 사도개설의 허가

7. 「사방사업법」 제20조에 따른 사방지(砂防地) 지정의 해제

8. 「산림자원의 조성 및 관리에 관한 법률」 제36조제1항 · 제5항에 따른 입목벌채등의 허가 · 신고, 「산림보호법」 제9조제1항 및 제2항제1호 · 제2호에 따른 산림보호구역(산림유전자원보호구역은 제외한다)에서의 행위의 허가 · 신고

9. 「산지관리법」 제14조 · 제15조에 따른 산지전용허가 및 산지전용신고, 같은 법 제15조의2에 따른 산지일시사용허가 · 신고(산지의 형질을 변경하여 채굴한 후 복구하는 경우에만 해당한다)

10. 「자연공원법」 제23조제1항에 따른 공원구역에서의 행위허가

11. 「하천법」 제33조에 따른 하천의 점용허가 및 같은 법 제50조에 따른 하천수의 사용허가

12. 삭제 〈2007. 12. 21.〉

②산업통상부장관은 제42조제2항에 따른 채굴계획 인가의 신청을 받은 경우 이 조 제1항 각 호의 어느 하나에 해당하는 사항이 다른 행정기관의 권한에 속하면 미리 그 다른 행정기관의 장과 협의하여야 한다. 〈개정 2008. 2. 29., 2010. 1. 27., 2013. 3. 23., 2025. 10. 1.〉

③ 다른 행정기관의 장은 제2항에 따른 협의를 요청받으면 그 요청을 받은 날부터 20일 이내(관련 허가등에 필요한 심의, 의견 청취 등 절차에 걸리는 기간은 제외한다)에 의견을 제출하여야 한다. 이 경우 전단에서 정한 기간(민원 처리 관련 법령에 따라 의견을 제출하여야 하는 기간을 연장한 경우에는 그 연장한 기간을 말한다) 내에 협의 여부에 관하여 의견을 제출하지 아니하면 협의가 된 것으로 본다. 〈신설 2022. 2. 3.〉

제44조(채굴의 제한) ①광업권자는 다음 각 호의 어느 하나의 장소에서는 관할 관청의 허가나 소유자 또는 이해관계인의 승낙이 없으면 광물을 채굴할 수 없다. 〈개정 2012. 5. 23.〉

1. 철도 · 궤도(軌道) · 도로 · 수도 · 운하 · 항만 · 하천 · 호(湖) · 소지(沼地) · 관개(灌漑)시설 · 배수시설 · 묘우(廟宇) · 교회 · 사찰의 경내지(境內地) · 고적지(古蹟地) · 건축물, 그 밖의 영조물의 지표 지하 50미터 이내의 장소

2. 묘지의 지표 지하 30미터 이내의 장소

②관할 관청, 소유자 또는 이해관계인은 정당한 이유 없이 허가 또는 승낙을 거부할 수 없다.

제45조(채굴 등에 대한 지도 · 점검) 산업통상부장관은 제42조에 따라 채굴계획의 인가를 받은 채굴권자가 그 채굴계획에 따른 채굴행위(채굴계획의 인가조건으로 산림형질변경범위를 정한 경우에는 산림형질변경행위를 포함한다. 이하 이 조에서 같다)를 하는지에 대하여 대통령령으로 정하는 바에 따라 지도 · 점검을 할 수 있으며, 지도 · 점검 결과 채굴권자가 채굴계획과 다르게 채굴행위를 한 경우에

는 시정을 명할 수 있다. 〈개정 2008. 2. 29., 2010. 1. 27., 2013. 3. 23., 2016. 1. 6., 2025. 10. 1.〉

[제목개정 2010. 1. 27.]

제46조(이종 광물 중복에 대한 광업의 제한) 광구가 타인의 이종 광물을 목적으로 하는 광구와 중복된 경우에 그 중복된 부분의 광업이 타인의 광업을 방해한다고 인정될 때에는 산업통상부장관은 광업권자에게 그 방해 부분을 제거하거나 광업을 정지할 것을 명할 수 있다. 〈개정 2008. 2. 29., 2013. 3. 23., 2025. 10. 1.〉

제3장 조광권

제47조(성질 및 처분의 제한) ①조광권은 물권으로 하고, 이 법에서 따로 정한 경우 외에는 부동산에 관한 「민법」과 그 밖의 법령의 규정을 준용한다.

②조광권은 상속이나 그 밖의 일반승계의 경우 외에는 권리의 목적으로 하거나 타인이 행사하게 할 수 없다. 〈개정 2016. 1. 6.〉

제48조(조광권자의 결격사유) 다음 각 호의 어느 하나에 해당하는 자는 조광권의 설정인가를 받을 수 없다. 〈개정 2016. 1. 6.〉

1. 「광업법」 또는 「광산안전법」을 위반하여 징역의 실형을 선고받고 그 집행이 끝나거나(집행이 끝난 것으로 보는 경우를 포함한다) 집행이 면제된 날부터 2년이 지나지 아니한 자

2. 「광업법」 또는 「광산안전법」을 위반하여 징역의 집행유예를 선고받고 그 유예기간에 있는 자

3. 대표자가 제1호나 제2호에 해당하는 법인

제49조(조광권의 존속기간) ①조광권의 존속기간은 그 채굴권의 존속기간과 같다. 다만, 채굴권자와 조광권자가 되려는 자 사이의 협의에 따른 경우에는 그러하지 아니하다. 〈개정 2010. 1. 27.〉

②제1항 단서의 경우에 채굴권자 또는 조광권자는 조광기간의 연장이 필요한 경우 조광권의 존속기간이 끝나기 전에 대통령령으로 정하는 바에 따라 산업통상부장관의 인가를 받아 그 기간을 연장할 수 있다. 〈개정 2008. 2. 29., 2010. 1. 27., 2013. 3. 23., 2025. 10. 1.〉

제50조(조광구) ①조광권의 구역(이하 "조광구"라 한다)의 경계는 채굴권의 광구의 경계와 같다. 다만, 대통령령으로 정하는 특정광상(特定鑛床)의 경계는 그러하지 아니하다. 〈개정 2010. 1. 27.〉

②제1항 단서의 경우에는 그 지표경계를 직선으로 정하고 지표경계선의 직하를 구분하여 한계를 정할 수 있다.

제51조(조광권의 설정 등) ① 조광권의 설정은 채굴권자와 조광권자가 되려는 자 사이의 서면에 의한 조광권 설정계약에 의한다.

② 동일한 채굴권에는 2개 이상의 조광권을 설정할 수 없다. 다만, 제31조제1항 또는 제50조제1항 단서의 경우에는 최대 5개까지 조광구를 설정할 수 있다.

③ 제1항에 따른 설정계약에 따라 조광권자가 채굴권자에게 지급하는 조광료는 대통령령으로 정하는 바에 따라 그 상한(上限)을 제한할 수 있다.

[전문개정 2010. 1. 27.]

제52조(설정인가 등) ①조광권을 설정하려는 때에는 조광권자가 되

려는 자와 채굴권자는 대통령령으로 정하는 바에 따라 산업통상부장관의 인가를 받아야 한다. 〈개정 2008. 2. 29., 2010. 1. 27., 2013. 3. 23., 2025. 10. 1.〉

②조광권자가 되려는 자는 조광권설정의 인가통지서를 받으면 인가통지서를 받은 날부터 60일 이내에 대통령령으로 정하는 바에 따라 등록세를 내고 산업통상부장관에게 등록을 신청하여야 한다. 〈개정 2008. 2. 29., 2013. 3. 23., 2016. 1. 6., 2025. 10. 1.〉

③제2항에 따른 등록을 신청하지 아니하면 인가는 효력을 상실한다.

제53조(채굴권의 변경과 조광권) 채굴권자는 광구의 감소·분할·합병의 출원, 폐업 등으로 인한 소멸등록의 신청 또는 등록한 광물 종류의 감소 출원을 하려면 조광권자의 동의를 받아야 한다. 〈개정 2010. 1. 27.〉

[제목개정 2010. 1. 27.]

제54조 삭제 〈2010. 1. 27.〉

제55조(행위의 효력의 승계) ①조광권의 설정 또는 조광구의 증가가 있을 때에는 이 법에 따라 채굴권자가 행한 절차와 그 밖의 행위는 조광권의 범위에서 조광권자에게도 효력을 가진다. 〈개정 2010. 1. 27.〉

②조광권의 소멸 또는 조광구의 감소가 있을 때에는 이 법에 따라 조광권자가 행한 절차와 그 밖의 행위는 채굴권의 범위에서 채굴권자에게도 효력을 가진다. 다만, 채굴권이 소멸하여 조광권이 소멸한 경우에는 그러하지 아니하다. 〈개정 2010. 1. 27.〉

第56条(조광권의 소멸) ①채굴권자는 조광권자가 조광료의 지급을 지체하거나 그 밖에 계약상의 의무를 이행하지 아니하면 3개월 이상의 기간을 정하여 그 이행을 최고(催告)하고, 그 기간에도 이행하지 아니하면 대통령령으로 정하는 바에 따라 산업통상부장관에게 조광권의 소멸을 신청할 수 있다. 조광권자가 기업도산 등으로 인하여 광업 경영능력이 거의 없고 계약상의 의무를 이행하지 아니한 경우에는 조광권 소멸 신청에 필요한 최고기간은 1개월로 한다. 〈개정 2008. 2. 29., 2010. 1. 27., 2013. 3. 23., 2025. 10. 1.〉

②산업통상부장관은 제1항의 신청이 상당한 이유가 있다고 인정하면 대통령령으로 정하는 바에 따라 조광권을 소멸시킬 수 있다. 〈개정 2008. 2. 29., 2013. 3. 23., 2025. 10. 1.〉

第57条(조광권의 취소) 산업통상부장관은 조광권자가 다음 각 호의 어느 하나에 해당하면 그 조광권을 취소할 수 있다. 〈개정 2013. 3. 23., 2016. 1. 6., 2025. 10. 1.〉

1. 제61조에 따라 준용되는 제42조제1항부터 제3항까지의 규정을 위반하여 채굴계획의 인가를 신청하지 아니한 경우

2. 제61조에 따라 준용되는 제42조제2항 및 제3항에 따른 기간에 인가 신청한 채굴계획에 대하여 같은 조 제1항에 따른 인가를 받지 못한 경우

3. 제61조에 따라 준용되는 제42조제1항에 따른 채굴계획 인가를 받은 날부터 3년이 지나도 대통령령으로 정하는 생산실적 또는 투자실적이 없거나 제83조에 따른 보고를 3년간 계속하여 하지 아니한 경우

4. 제61조에 따라 준용되는 제42조제4항을 위반하여 채굴계획의 인가를 받지 아니하고 광물을 채굴한 경우

5. 제61조에 따라 준용되는 제42조제5항에 따른 채굴계획의 변경명령을 이행하지 아니한 경우

6. 제61조에 따라 준용되는 제42조의2제2항에 따른 인가를 받지 아니하고 계속하여 1년 이상 채굴을 중단한 경우. 다만, 채굴을 중단하기 전 3년의 기간에 대통령령으로 정하는 생산실적 또는 투자실적이 있는 경우는 제외한다.

7. 제61조에 따라 준용되는 제45조에 따른 시정명령을 이행하지 아니한 경우

8. 제61조에 따라 준용되는 제46조에 따른 명령을 위반한 경우

9. 「광산안전법」 제15조의2에 따른 명령을 위반한 경우

[전문개정 2010. 1. 27.]

제58조(등록) ①다음 각 호의 사항은 조광원부(租鑛原簿)에 등록한다. 〈개정 2010. 1. 27.〉

1. 조광권의 설정·변경

2. 상속이나 그 밖의 일반승계에 따른 조광권의 이전

3. 조광권의 소멸

4. 조광권의 존속기간

5. 공동조광권자(조광권을 공동소유하는 자를 말한다. 이하 같다)의 탈퇴

②제1항의 등록에 관하여는 광업권의 등록에 관한 제38조제2항 및 제4항을 준용한다.

第59조(등록의 효력) 제58조제1항 각 호의 사항은 다음 각 호의 어느 하나에 해당하는 경우 외에는 등록하지 아니하면 그 효력이 발생하지 아니한다. 〈개정 2010. 1. 27.〉

1. 상속과 그 밖의 일반 승계로 인한 조광권의 이전
2. 사망으로 인한 공동조광권자의 탈퇴
3. 채굴권의 소멸·존속기간만료 또는 혼동으로 인한 조광권의 소멸

第60조 삭제 〈2010. 1. 27.〉

第61조(준용) 조광권 및 조광권자에 관하여는 제10조의2, 제17조, 제30조제1항, 제31조부터 제34조까지 및 제42조, 제42조의2, 제43조부터 제46조까지의 규정을 준용한다. 이 경우 "광업권" 또는 "채굴권"은 "조광권"으로, "공동광업출원인"은 "공동조광출원인"으로, "공동광업권자"는 "공동조광권자"로, "광업권자" 또는 "채굴권자"는 "조광권자"로 본다. 〈개정 2010. 1. 27.〉

제4장 국영광업

第62조(국영광업의 주무관청) 국영광업은 산업통상부장관이 주관한다. 〈개정 2008. 2. 29., 2013. 3. 23., 2025. 10. 1.〉

第63조(국영광업의 법인 설립) 국영광업은 따로 정하는 법률에 따라 설립된 법인이 경영하게 할 수 있다.

第64조(국영광업의 사인 출자) 제63조에 따른 법인에 대하여는 대한민국 국민[대한민국의 법률에 따라 설립된 법인을 포함한다. 이하 "사인"(私人)이라 한다]의 출자를 허용한다. 다만, 정부는 자본금의 과반액(過半額)을 출자하여야 한다.

第65條(이익배당의 보호) 第64條에 따라 사인의 출자를 허용한 경우에는 이익금배당에서 사인은 우선권을 가진다.
第66條(국영광업에 적용할 법) 국영광업에 관하여 따로 정하는 법률이 없으면 이 법을 적용한다.

第5章 토지의 사용과 수용

第67條(토지의 출입 및 장해물 제거) ①광업권설정을 출원하려는 자, 조광권자가 되려는 자, 광업출원인, 조광권설정인가신청자, 광업권자 또는 조광권자는 광업에 관한 측량 또는 현장조사를 위하여 필요하면 산업통상부장관의 허가를 받아 타인의 토지에 들어가거나 장해물을 제거할 수 있다. 〈개정 2008. 2. 29., 2013. 3. 23., 2025. 10. 1.〉
②산업통상부장관이 제1항의 허가를 한 경우에는 토지의 소유자와 점유자 또는 장해물 소유자의 의견을 들어야 한다. 〈개정 2008. 2. 29., 2013. 3. 23., 2025. 10. 1.〉
③제1항에 따라 허가를 받은 자가 타인의 토지에 들어가거나 장해물을 제거할 때에는 미리 토지의 소유자와 점유자 또는 장해물의 소유자에게 그 사실을 알려야 한다.
第68條(토지 출입권 및 사용권) 광업권자나 조광권자는 광업상 급박한 위험을 방지하기 위하여 필요할 때에는 즉시 타인의 토지에 들어가거나 토지를 사용할 수 있다. 이 경우 광업권자나 조광권자는 지체 없이 토지의 소유자와 점유자에게 알려야 한다.
第69條(토지의 출입 및 사용에 대한 손실보상) 第67條와 第68條에

따라 타인의 토지에 들어가거나 토지를 사용하거나 장해물을 제거한 자는 이에 따라 발생한 손실을 보상하여야 한다.

제70조(토지 사용의 목적) 광업권자 또는 조광권자는 광구·조광구 또는 그 부근에서 타인의 토지가 다음 각 호의 어느 하나의 목적에 필요하면 그 토지를 사용할 수 있다. 〈개정 2009. 4. 22., 2010. 1. 27.〉

1. 갱구(坑口)의 개설
2. 노천굴(露天掘)에 의한 광물의 채굴
3. 탐사 또는 광물의 채굴 작업에 필요한 기계 설비의 설치
4. 갱목(坑木)·화약류·연료나 그 밖의 중요 자재의 적치장 또는 광물·토석·광재 또는 회신(灰燼: 불에 타고 남은 끄트러기나 재)의 적치장 설치
5. 선광용 또는 제련용 시설의 설치
6. 철도·궤도·도로·운하·배수로·지정(池井) 또는 전기공작물의 개설
7. 광업용 사무소, 광업에 종사하는 자의 숙박시설 또는 보건위생 시설의 설치
8. 그 밖에 광업에 필요한 공작물의 설치

제71조(토지 수용의 목적) 광업권자나 조광권자는 광구·조광구 또는 그 부근에서 타인의 토지를 다음 각 호의 어느 하나의 목적에 사용하기 위하여 수용할 수 있다. 〈개정 2009. 4. 22.〉

1. 갱구의 개설, 노천굴에 의한 광물의 채굴 또는 광물의 채굴 작업에 필요한 기계 설비의 설치

2. 토석 또는 광재의 적치장 설치

3. 선광용 또는 제련용 시설의 설치

4. 철도·궤도·도로·운하·배수로·지정(池井) 또는 전기공작물의 개설

제72조(토지 사용·수용의 인정) ①광업권자나 조광권자는 제70조와 제71조에 따라 타인의 토지를 사용하거나 수용하려면 산업통상부장관의 인정을 받아야 한다. 〈개정 2008. 2. 29., 2013. 3. 23., 2025. 10. 1.〉

②산업통상부장관은 제1항에 따른 인정을 하려는 때에는 토지 소유자와 토지에 관한 권리를 가진 자의 의견을 들어야 한다. 〈개정 2008. 2. 29., 2013. 3. 23., 2025. 10. 1.〉

③제1항에 따른 토지 사용·수용의 인정을 받은 광업권자 또는 조광권자는 「공익사업을 위한 토지 등의 취득 및 보상에 관한 법률」에 따라 타인의 토지에 관한 권리를 취득한 경우, 같은 법에 따라 타인의 토지를 사용하기 시작하거나 사용하지 아니하게 된 경우에는 그 사실을 산업통상부장관에게 신고하여야 한다. 〈개정 2008. 2. 29., 2013. 3. 23., 2025. 10. 1.〉

제73조(「공익사업을 위한 토지 등의 취득 및 보상에 관한 법률」의 적용) ①제70조 및 제71조에 따른 토지의 사용 또는 수용에 관하여 이 법에 규정된 것 외에는 「공익사업을 위한 토지 등의 취득 및 보상에 관한 법률」을 적용한다.

②제72조제1항에 따른 산업통상부장관의 인정은 「공익사업을 위한 토지 등의 취득 및 보상에 관한 법률」 제20조제1항에 따른 사업

인정으로 본다. 〈개정 2008. 2. 29., 2013. 3. 23., 2025. 10. 1.〉

제74조(용수권) 용수(用水)에 관한 권리에 대하여는 토지의 사용과 수용에 관한 규정을 준용한다.

제6장 광해(鑛害) 배상

제75조(광해의 종류와 배상의무) ①광물을 채굴하기 위한 토지의 굴착, 갱수(坑水)나 폐수의 방류, 폐석이나 광재의 퇴적 또는 광연(鑛煙)의 배출로 인하여 타인에게 현저한 손해를 입힌 경우에는 다음 각 호의 구분에 따라 정하는 자가 손해를 배상할 의무를 진다.

1. 손해가 발생할 당시에 해당 광업권이 소멸하지 아니한 경우: 해당 광구의 광업권자(그 광구에 조광권이 설정되어 있는 경우 그 조광구에서는 해당 조광권자)
2. 손해가 발생할 당시에 이미 광업권이 소멸한 경우: 소멸 당시 그 광구의 광업권자(광업권이 소멸할 때 해당 광업권에 조광권이 설정되어 있었던 경우 그 조광구에서는 해당 조광권자)

②제1항의 경우에 손해가 둘 이상의 광구 또는 조광구의 광업권자 또는 조광권자의 귀책사유로 발생한 경우에는 각 광업권자 또는 조광권자는 연대하여 손해를 배상할 의무를 진다. 손해가 둘 이상의 광구 또는 조광구의 광업권자 또는 조광권자 중 어느 광업권자 또는 조광권자의 귀책사유에 따른 것인지 분명하지 아니한 때에도 또한 같다.

③제1항과 제2항의 경우에 손해가 발생한 후에 광업권이 양도된 경우에는 손해가 발생할 당시의 광업권자와 그 후의 광업권자가 연

대하여 손해를 배상할 의무를 지고, 손해가 발생한 후에 조광권이 설정된 경우에는 손해가 발생할 당시의 광업권자와 그 후의 조광권자가 연대하여 손해를 배상할 의무를 진다.

④제1항부터 제3항까지의 규정에 따라 조광권자가 손해를 배상할 경우에는 손해가 발생할 당시의 그 조광권이 설정되어 있던 광구의 광업권자와 그 후의 광업권자가 조광권자와 연대하여 손해를 배상할 의무를 지고, 손해가 발생할 당시에 이미 광업권이 소멸한 때에는 소멸 당시의 그 광구의 광업권자가 조광권자와 연대하여 손해를 배상할 의무를 진다.

⑤제1항부터 제4항까지의 규정에 따른 배상에 관하여는 공동광업권자 또는 공동조광권자는 연대책임이 있다.

제76조(부담부분과 상환청구) ①제75조제2항에 따른 연대채무자 상호 간의 부담부분은 같은 것으로 추정한다.

②제75조제3항의 경우에 광업권을 양수한 자 또는 손해 발생 후의 조광권자가 배상의 의무를 이행한 경우에는 같은 조 제1항 또는 제2항에 따라 손해를 배상할 자에게 상환을 청구할 수 있다. 제75조제4항에 따라 광업권자가 배상의 의무를 이행한 때에도 또한 같다.

제77조(배상 방법) ①손해배상은 금전으로 한다. 다만, 배상 금액에 비하여 너무 많은 비용을 들이지 아니하고 원상으로 회복할 수 있는 경우에는 피해자는 원상회복을 청구할 수 있다.

②배상의무자가 원상회복을 신청한 경우에 법원은 적당하다고 인정하면 제1항 본문에도 불구하고 금전 배상 대신에 원상회복을 명할 수 있다.

제78조(배상 결정을 할 때의 고려 사항) 손해의 발생에 피해자가 책임질 사유가 있으면 법원은 손해 배상의 책임과 범위를 정할 때 이를 고려하여야 한다. 손해의 발생에 천재지변, 그 밖에 불가항력의 사유가 경합한 경우에도 또한 같다.

제79조(손해배상 예정액) 손해배상의 액수가 예정되어 있는 경우에 그 금액이 현저하게 부적당하면 당사자는 그 증감을 청구할 수 있다.

제80조(소멸시효) ①손해배상청구권은 피해자가 손해와 배상의무자를 안 날부터 3년간 행사하지 아니하면 시효로 인하여 소멸한다. 손해가 발생한 날부터 10년이 지난 경우에도 또한 같다. 〈개정 2007. 5. 17.〉

②제1항의 기간은 진행 중인 손해에 대하여는 그 진행이 정지한 날부터 기산(起算)한다.

제81조(관할 법원) ①손해배상에 관하여 분쟁이 발생하면 당사자는 손해 발생지를 관할하는 지방법원 또는 당사자가 합의하여 정하는 지방법원에 조정(調停)을 신청할 수 있다.

②광해 조정에 관하여는 따로 법률로 정한다.

제82조(적용 제외) 광업에 종사하는 자의 업무상의 부상 · 질병 및 사망에 관하여는 제75조부터 제81조까지의 규정을 적용하지 아니한다.

제7장 감독 및 지원

제83조(생산 보고서) 채굴권자나 조광권자는 대통령령으로 정하는 바에 따라 광물 생산 보고서를 산업통상부장관에게 제출하여야 한다. 〈개정 2008. 2. 29., 2010. 1. 27., 2013. 3. 23., 2025. 10. 1.〉

第84조(갱내 실측도 및 광업부) 채굴권자나 조광권자는 대통령령으로 정하는 바에 따라 갱내 실측도(實測圖)와 광업부(鑛業簿)를 작성하여 광업 사무소에 갖추어 두고 그 부본(副本)을 산업통상부장관에게 제출하여야 한다. 〈개정 2008. 2. 29., 2010. 1. 27., 2013. 3. 23., 2025. 10. 1.〉

第85조(광업 기본계획) 산업통상부장관은 합리적인 광산개발과 산업원료광물의 원활한 공급을 촉진하기 위하여 필요하다고 인정하면 대통령령으로 정하는 바에 따라 광업에 대한 기본계획 및 연도별 시행계획을 수립하여 공고할 수 있다. 〈개정 2013. 3. 23., 2025. 10. 1.〉

[전문개정 2010. 1. 27.]

第86조(광업 발전을 위한 지원) ①산업통상부장관은 광업의 발전을 위하여 대통령령으로 정하는 바에 따라 예산의 범위에서 다음 각 호의 지원을 할 수 있다. 〈개정 2010. 1. 27., 2013. 3. 23., 2025. 10. 1.〉

1. 중요 광물자원의 탐사·개발 및 광산물의 가공·유통·비축 사업에 대한 보조 또는 융자

2. 삭제 〈2010. 1. 27.〉

3. 광산(폐광된 광산을 포함한다)의 광해 방지 및 복구 사업에 대한 보조 또는 융자

4. 국가 지질 또는 광물 자원의 조사 사업 및 광물자원 관련 기술 개발 사업에 대한 출연

[제목개정 2010. 1. 27.]

제86조의2(국가광물정보센터의 설치 · 운영) ① 산업통상부장관은 중요 광물자원의 탐사 시 확보된 암추(岩錐) 등 지질 · 광물 정보를 수집 · 보관 · 관리하고 이를 분석 · 가공하여 정보이용자에게 관련 정보를 제공하기 위하여 국가광물정보센터를 설치 · 운영할 수 있다. 〈개정 2025. 10. 1.〉

② 산업통상부장관은 제1항에 따른 국가광물정보센터의 설치 · 운영에 관한 업무를 「한국광해광업공단법」에 따른 한국광해광업공단에 위탁할 수 있다. 이 경우 산업통상부장관은 예산의 범위에서 국가광물정보센터의 설치 · 운영 등에 필요한 비용을 지원할 수 있다. 〈개정 2025. 10. 1.〉

③ 그 밖에 국가광물정보센터의 설치 · 운영 및 위탁에 필요한 사항은 대통령령으로 정한다.

[본조신설 2024. 9. 20.]

제87조(광물 수입부과금 및 판매부과금) ①산업통상부장관은 광물의 수급과 가격 안정 및 제86조제1항 각 호에 따른 사업 지원을 위하여 광물을 수입하거나 판매하는 자에게 부과금을 징수할 수 있다. 〈개정 2008. 2. 29., 2013. 3. 23., 2025. 10. 1.〉

②제1항에 따른 부과금의 징수 대상자, 부과 기준, 징수 방법, 그 밖에 부과금의 부과와 징수에 필요한 사항은 대통령령으로 정한다.

③산업통상부장관은 제1항에 따른 부과금의 징수 대상자가 납부기한 내에 부과금을 내지 아니하면 그 납부 기한의 다음날부터 납부일까지의 기간에 대하여 대통령령으로 정하는 가산금을 징수한다. 〈개정 2008. 2. 29., 2013. 3. 23., 2025. 10. 1.〉

④산업통상부장관은 제1항에 따른 부과금의 징수 대상자가 납부 기한 내에 부과금을 내지 아니하면 기간을 지정하여 독촉하고, 그 지정 기간 내에도 부과금 및 제3항에 따른 가산금을 내지 아니하면 국세 체납처분의 예에 따라 징수할 수 있다. 〈개정 2008. 2. 29., 2013. 3. 23., 2025. 10. 1.〉

⑤제1항 및 제3항에 따라 징수한 부과금 및 가산금은 에너지 및 자원사업 특별회계에 귀속된다.

제88조(부과금 징수 사무의 위탁) ①산업통상부장관은 제87조에 따른 부과금의 징수 사무를 대통령령으로 정하는 기관 또는 단체에 위탁할 수 있다. 〈개정 2008. 2. 29., 2013. 3. 23., 2025. 10. 1.〉

②산업통상부장관은 제1항에 따라 부과금의 징수 사무를 위탁한 경우에는 위탁받은 기관 또는 단체의 임원·직원 중에서 그 사무를 수행할 회계관계직원을 임명할 수 있다. 〈개정 2008. 2. 29., 2013. 3. 23., 2025. 10. 1.〉

③제2항에 따라 임명된 회계관계직원에 대하여는 「회계관계직원 등의 책임에 관한 법률」 중 회계관계직원에 관한 규정을 준용한다.

④산업통상부장관은 제1항에 따라 부과금의 징수 사무를 위탁한 경우에는 산업통상부장관이 정하는 바에 따라 에너지 및 자원사업 특별회계에서 수수료 또는 필요한 경비를 지급할 수 있다. 〈개정 2008. 2. 29., 2013. 3. 23., 2025. 10. 1.〉

제89조(감독) ① 삭제 〈2016. 1. 6.〉

②산업통상부장관은 필요하다고 인정하면 제86조에 따라 지원을 받은 자에게 필요한 서류를 제출 또는 보고하게 하거나 소속 공무

원으로 하여금 필요한 서류를 검사하게 할 수 있다. 〈개정 2008. 2. 29., 2013. 3. 23., 2025. 10. 1.〉

③제2항에 따라 검사를 하는 공무원은 그 권한을 표시하는 증표를 지니고, 이를 관계인에게 보여주어야 한다.

제8장 이의신청

제90조(이의신청) 이 법에 따른 처분 또는 이 법에 의한 명령에 따른 처분에 불복하는 자는 산업통상부장관에게 이의신청을 할 수 있다. 〈개정 2008. 2. 29., 2013. 3. 23., 2025. 10. 1.〉

제91조(처분의 집행) 제90조에 따른 이의신청은 산업통상부장관의 처분의 집행을 정지시키지 아니한다. 다만, 산업통상부장관은 처분의 집행으로 인하여 회복할 수 없는 손해가 발생한다고 인정할 때에는 신청 또는 직권으로 그 집행을 정지시킬 수 있다. 〈개정 2008. 2. 29., 2013. 3. 23., 2025. 10. 1.〉

제92조(광업조정위원회) ①제90조에 따른 이의신청을 의결하기 위하여 산업통상부에 광업조정위원회(이하 "위원회"라 한다)를 둔다. 〈개정 2008. 2. 29., 2013. 3. 23., 2025. 10. 1.〉

②위원회의 위원은 광업에 관한 학식과 경험이 있는 자로 한다.

③위원회의 구성·기능·운영과 그 밖에 필요한 사항은 대통령령으로 정한다.

제93조(의결) 산업통상부장관은 이의신청을 받으면 위원회의 의결을 거쳐 결정한다. 〈개정 2008. 2. 29., 2013. 3. 23., 2025. 10. 1.〉

제94조(재의 요구) 산업통상부장관은 위원회의 의결이 부당하다고

인정하면 1차에 한하여 재의(再議)를 요구할 수 있다. 〈개정 2008. 2. 29., 2013. 3. 23., 2025. 10. 1.〉

제95조(「행정심판법」의 준용) 이의신청에 관하여 제90조부터 제94조까지에서 규정한 것 외에는 「행정심판법」을 준용한다.

제9장 보칙

제96조(권한의 위임 · 위탁) ① 이 법에 따른 산업통상부장관의 권한은 그 일부를 대통령령으로 정하는 바에 따라 특별시장 · 광역시장 · 특별자치시장 · 도지사 · 특별자치도지사 또는 산업통상부장관 소속 기관의 장에게 위임할 수 있다. 〈개정 2008. 2. 29., 2013. 3. 23., 2024. 9. 20., 2025. 10. 1.〉

② 이 법에 따른 산업통상부장관의 업무는 그 일부를 대통령령으로 정하는 바에 따라 관련 기관 또는 단체에 위탁할 수 있다. 〈신설 2024. 9. 20., 2025. 10. 1.〉

[제목개정 2024. 9. 20.]

제97조(광업 대리인) 광업권자나 조광권자는 광업을 할 때 본인이 행할 절차와 그 밖의 행위를 대리시키기 위하여 미리 대리권의 범위를 정하여 광산 단위로 광업 대리인을 선임할 수 있다.

제98조(수수료) 광업권 또는 조광권에 관한 출원 · 청구 · 신청 또는 신고를 하려는 자는 산업통상부령으로 정하는 바에 따라 수수료를 내야 한다. 〈개정 2008. 2. 29., 2013. 3. 23., 2025. 10. 1.〉

제99조(청문) 산업통상부장관은 다음 각 호의 어느 하나에 해당하는 경우에는 청문을 하여야 한다. 〈개정 2008. 2. 29., 2013. 3. 23.,

2025. 10. 1.〉

1. 제34조에 따라 광업권의 취소처분 또는 광구의 감소처분을 하려는 경우

2. 제35조에 따라 광업권을 취소하려는 경우

3. 제57조에 따라 조광권을 취소하려는 경우

제10장 벌칙

제100조(벌칙) 제9조제4항에 따라 준용되는 「해저광물자원 개발법」 제12조 및 제14조에 따른 탐사권 및 채취권의 설정허가를 받지 아니하고 석유를 채굴하거나 취득한 자는 5년 이하의 징역 또는 5천만원 이하의 벌금에 처하거나 이를 병과(倂科)할 수 있다.

제101조(벌칙) ①다음 각 호의 어느 하나에 해당하는 자는 3년 이하의 징역 또는 3천만원 이하의 벌금에 처하거나 이를 병과할 수 있다. 〈개정 2012. 5. 23., 2013. 3. 23., 2016. 1. 6., 2025. 10. 1.〉

1. 제4조를 위반한 자

1의2. 제40조의2를 위반하여 산업통상부장관의 허가를 받지 아니하고 굴진탐사를 한 탐사권자

2. 부정한 방법으로 광업권 또는 조광권의 설정·변경의 허가 또는 인가를 받은 자

3. 허가를 받지 아니하고 타인의 조광구에서 석유를 탐사한 자

②과실로 인하여 광구 또는 조광구 밖으로 침굴(侵掘)한 자는 1천만원 이하의 벌금에 처한다.

제102조(벌칙) 다음 각 호의 어느 하나에 해당하는 자는 1년 이하의 징역 또는 1천만원 이하의 벌금에 처한다. 〈개정 2010. 1. 27.〉

1. 제5조제1항 단서를 위반하여 분리된 광물을 영리목적으로 양도한 자
2. 제42조제4항(제61조에서 준용하는 경우를 포함한다)을 위반한 자
3. 제42조제5항(제61조에서 준용하는 경우를 포함한다)에 따른 명령을 위반한 자
4. 제44조(제61조에서 준용하는 경우를 포함한다)를 위반하여 광물을 채굴한 자
5. 제46조(제61조에서 준용하는 경우를 포함한다)에 따른 명령을 위반한 자

제102조의2(벌칙 적용에서 공무원 의제) 위원회의 위원 중 공무원이 아닌 사람은 「형법」 제127조 및 제129조부터 제132조까지를 적용할 때에는 공무원으로 본다.

[본조신설 2018. 12. 31.]

제103조(양벌규정) 법인의 대표자나 법인 또는 개인의 대리인, 사용인, 그 밖의 종업원이 그 법인 또는 개인의 업무에 관하여 제101조 또는 제102조의 위반행위를 하면 그 행위자를 벌하는 외에 그 법인 또는 개인에게도 해당 조문의 벌금형을 과(科)한다. 다만, 법인 또는 개인이 그 위반행위를 방지하기 위하여 해당 업무에 관하여 상당한 주의와 감독을 게을리하지 아니한 경우에는 그러하지 아니하다.

[전문개정 2010. 1. 27.]

제104조(과태료) ①제83조에 따른 광물 생산 보고서를 제출하지 아니하거나 거짓된 보고를 한 자에게는 500만원 이하의 과태료를 부과한다.

②다음 각 호의 어느 하나에 해당하는 자에게는 200만원 이하의 과태료를 부과한다. 〈개정 2010. 1. 27.〉

1. 제42조의2제3항(제61조에서 준용하는 경우를 포함한다)에 따른 채굴의 재개(再開) 신고를 하지 아니하거나 거짓된 신고를 한 자

2. 제84조를 위반하여 갱내 실측도와 광업부를 작성ㆍ비치하지 아니하거나 그 부본을 제출하지 아니한 자

③다음 각 호의 어느 하나에 해당하는 자에게는 100만원 이하의 과태료를 부과한다. 〈개정 2010. 1. 27.〉

1. 제9조제4항에 따라 준용되는 「해저광물자원 개발법」 제26조에 따른 현장조사를 거부ㆍ방해 또는 기피한 자

2. 제45조에 따른 채굴행위의 지도ㆍ점검을 거부ㆍ방해 또는 기피한 자

3. 제89조제2항에 따른 서류를 제출 또는 보고하지 아니하거나 거짓된 서류를 제출 또는 보고한 자

4. 제89조제2항에 따른 검사를 거부ㆍ방해 또는 기피한 자

④제1항부터 제3항까지의 규정에 따른 과태료는 대통령령으로 정하는 바에 따라 산업통상부장관이 부과ㆍ징수한다. 〈개정 2008. 2. 29., 2013. 3. 23., 2025. 10. 1.〉

⑤ 삭제 〈2010. 1. 27.〉

⑥ 삭제 〈2010. 1. 27.〉

⑦ 삭제 〈2010. 1. 27.〉

부칙 〈제8338호, 2007. 4. 6.〉 (하천법)

제1조 (시행일) 이 법은 공포 후 1년이 경과한 날부터 시행한다.

제2조 부터 제15조까지 생략

제16조 (다른 법률의 개정) ① 및 ② 생략

③광업법 일부를 다음과 같이 개정한다.

제43조제1항제11호를 다음과 같이 한다.

11. 「하천법」 제33조에 따른 하천의 점용허가 및 같은 법 제50조에 따른 하천수의 사용허가

④부터 ㊽까지 생략

제17조 생략

부칙 〈제8355호, 2007. 4. 11.〉

제1조 (시행일) 이 법은 공포한 날부터 시행한다.

제2조 (처분 등에 관한 일반적 경과조치) 이 법 시행 당시 종전의 규정에 따른 행정기관의 행위나 행정기관에 대한 행위는 그에 해당하는 이 법에 따른 행정기관의 행위나 행정기관에 대한 행위로 본다.

제3조 (광업권에 관한 경과조치) 제13조제2항 및 제14조(제4항은 제외한다)는 법률 제234호 광업법 시행 당시의 기존 광업권에 대하여는 적용하지 아니한다.

제4조 (벌칙이나 과태료에 관한 경과조치) 이 법 시행 전의 행위에 대

하여 벌칙이나 과태료 규정을 적용할 때에는 종전의 규정에 따른다.

제5조 (다른 법률의 개정) ①광산피해의 방지 및 복구에 관한 법률 일부를 다음과 같이 개정한다.

제2조제2호 중 "제47조제1항의 규정에 따라"를 "제42조제1항에 따라"로, "동법 제66조의 규정에 따라"를 "같은 법 제61조에 따라"로 하고, 같은 조 제3호 중 "제45조제3항 및 제65조제2항의 규정에 따라"를 "제40조제3항 및 제60조제2항에 따라"로 하며, 같은 조 제4호가목 중 "제14조의 규정에 따른"을 "제12조에 따른"으로 하고, 같은 호 나목 중 "제39조 또는 제66조의 규정에 따른"을 "제34조 또는 제61조에 따른"으로 하며, 같은 호 다목 중 "제40조의 규정에 따른"을 "제35조에 따른"으로 하고, 같은 호 라목 중 "제54조의 규정에 따른"을 "제49조에 따른"으로 하며, 같은 호 마목 중 "제57조제4항의 규정에 따른"을 "제52조제3항에 따른"으로 하고, 같은 호 바목 중 "제61조의 규정에 따른"을 "제56조에 따른"으로 하며, 같은 호 사목 중 "제62조의 규정에 따른"을 "제57조에 따른"으로 하고, 같은 조 제7호가목 중 "제47조 또는 제66조의 규정에 따라"를 "제42조 또는 제61조에 따라"로 한다.

②광업재단저당법 일부를 다음과 같이 개정한다.

제6조제6항 중 "광업법 제39조의 규정에 의한"을 "「광업법」 제34조에 따른"으로 한다.

③국민임대주택건설 등에 관한 특별조치법 일부를 다음과 같이 개정한다.

제12조제1항제4호 중 "광업법 제29조의 규정에 의한"을 "「광업

법」 제24조에 따른"으로, "동법 제39조의 규정에 의한"을 "같은 법 제34조에 따른"으로 한다.

제23조제4항제4호 중 "광업법 제47조의 규정에 의한"을 "「광업법」 제42조에 따른"으로 한다.

④국유림의 경영 및 관리에 관한 법률 일부를 다음과 같이 개정한다.

제21조제1항제6호 중 "제5조의 규정에 따른"을 "제3조제3호 및 같은 조 제4호에 따른"으로 한다.

⑤국토의 계획 및 이용에 관한 법률 일부를 다음과 같이 개정한다.

제61조제1항제3호 및 제92조제1항제5호 중 "광업법 제47조의 규정에 의한"을 각각 "「광업법」 제42조에 따른"으로 한다.

⑥기업도시개발특별법 일부를 다음과 같이 개정한다.

제13조제1항제7호 중 "광업법 제29조의 규정에 의한"을 "「광업법」 제24조에 따른"으로, "동법 제39조의 규정에 의한"을 "같은 법 제34조에 따른"으로 한다.

⑦부담금관리기본법 일부를 다음과 같이 개정한다.

별표 제33호 중 "광업법 제102조의2의 규정에 의한"을 "「광업법」 제87조에 따른"으로 한다.

⑧산업기술혁신촉진법 일부를 다음과 같이 개정한다.

제2조제1호 중 "제4조의 규정에 의한"을 "제3조제2호에 따른"으로 한다.

⑨산업입지 및 개발에 관한 법률 일부를 다음과 같이 개정한다.

제21조제1항제16호 중 "광업법 제29조의 규정에 의한"을 "「광업법」 제24조에 따른"으로, "동법 제39조의 규정에 의한"을 "같은 법 제34조에 따른"으로 한다.

⑩산지관리법 일부를 다음과 같이 개정한다.

제27조제1항 각 호 외의 부분 본문 중 "광업법 제5조의 규정에 의한"을 "「광업법」 제3조제3호 및 같은 조 제4호"로 한다.

⑪석탄산업법 일부를 다음과 같이 개정한다.

제39조의4제3항 중 "제41조 및 제42조의 규정은"을 "제36조 및 제37조는"으로 한다.

제39조의6제2항 중 "제47조의 규정에 의한"을 "제42조에 따른"으로, "동법 제57조의 규정에 의한"을 "같은 법 제52조에 따른"으로 한다.

⑫신행정수도 후속대책을 위한 연기·공주지역 행정중심복합도시 건설을 위한 특별법 일부를 다음과 같이 개정한다.

제22조제1항제6호 중 "제29조의 규정에 의한"을 "제24조에 따른"으로, "동법 제39조의 규정에 의한"을 "같은 법 제34조에 따른"으로 한다.

⑬에너지및자원사업특별회계법 일부를 다음과 같이 개정한다.

제5조제1항제4호 중 "광업법 제102조의2의 규정에 의한"을 "「광업법」 제87조에 따른"으로 한다.

⑭유통단지개발촉진법 일부를 다음과 같이 개정한다.

제13조제1항제13호 중 "광업법 제29조의 규정에 의한"을 "「광업법」 제24조에 따른"으로, "동법 제39조의 규정에 의한"을 "같은 법

제34조에 따른"으로 한다.

⑮자연환경보전법 일부를 다음과 같이 개정한다.

제46조제2항제2호 및 제49조 각 호 외의 부분 단서 중 "광업법 제4조의 규정에 의한"을 각각 "「광업법」 제3조제2호에 따른"으로 한다.

⑯전원개발촉진법 일부를 다음과 같이 개정한다.

제6조제1항제18호 중 "광업법 제29조의 규정에 의한"을 "「광업법」 제24조에 따른"으로, "동법 제39조의 규정에 의한"을 "같은 법 제34조에 따른"으로 한다.

⑰주택법 일부를 다음과 같이 개정한다.

제17조제1항제4호 중 "제47조의 규정에 의한"을 "「광업법」 제42조에 따른"으로 한다.

⑱철도건설법 일부를 다음과 같이 개정한다.

제11조제1항제19호 중 "광업법 제29조의 규정에 의한"을 "「광업법」 제24조에 따른"으로, "동법 제39조의 규정에 의한"을 "같은 법 제34조에 따른"으로 한다.

⑲택지개발촉진법 일부를 다음과 같이 개정한다.

제11조제1항제18호 중 "광업법 제29조의 규정에 의한"을 "「광업법」 제24조에 따른"으로, "동법 제39조의 규정에 의한"을 "같은 법 제34조에 따른"으로 한다.

⑳하천법 일부를 다음과 같이 개정한다.

제32조제1항제18호 중 "광업법 제29조의 규정에 의한"을 "「광업법」 제24조에 따른"으로, "동법 제39조의 규정에 의한"을 "같은 법

제34조에 따른"으로 한다.

제6조 (다른 법령과의 관계) 이 법 시행 당시 다른 법령에서 종전의 「광업법」 또는 그 규정을 인용한 경우에 이 법 가운데 그에 해당하는 규정이 있으면 종전의 규정을 갈음하여 이 법 또는 이 법의 해당 규정을 인용한 것으로 본다.

부칙 〈제8453호, 2007. 5. 17.〉

① (시행일) 이 법은 공포 후 3개월이 경과한 날부터 시행한다.

② (광해배상책임에 관한 경과조치) 이 법 시행 전에 발생한 광해에 대한 배상책임은 종전의 규정에 따른다.

부칙 〈제8733호, 2007. 12. 21.〉 (군사기지 및 군사시설 보호법)

제1조 (시행일) 이 법은 공포 후 9개월이 경과한 날부터 시행한다. 〈단서 생략〉

제2조 부터 제9조까지 생략

제10조 (다른 법률의 개정) ① 및 ② 생략

③ 광업법 일부를 다음과 같이 개정한다.

제43조제1항제3호를 다음과 같이 하고, 제4호 및 제12호를 각각 삭제한다.

3. 「군사기지 및 군사시설 보호법」 제13조에 따른 행정기관의 허가등에 관한 협의

④ 부터 ㉚ 까지 생략

제11조 생략

부칙 〈제8852호, 2008. 2. 29.〉 (정부조직법)

제1조(시행일) 이 법은 공포한 날부터 시행한다. 다만, ···〈생략〉··· 부칙 제6조에 따라 개정되는 법률 중 이 법의 시행 전에 공포되었으나 시행일이 도래하지 아니한 법률을 개정한 부분은 각각 해당 법률의 시행일부터 시행한다.

제2조 부터 제5조까지 생략

제6조 (다른 법률의 개정) ① 부터 〈337〉 까지 생략

〈338〉 광업법 일부를 다음과 같이 개정한다.

제92조제1항중 "산업자원부"를 "지식경제부"로 한다.

제15조제2항제3호, 제24조제3항, 제41조제1항, 제98조 중 "산업자원부령"을 각각 "지식경제부령"으로 한다.

제9조제2항, 제12조제2항, 제13조제3항, 제15조제1항 · 제2항 · 제4항 · 제5항 · 제6항, 제17조제1항 · 제2항 · 제3항, 제18조제2항, 제19조, 제22조, 제24조제1항 · 제2항, 제25조, 제27조제2항 · 제3항, 제28조제1항, 제29조제1항 · 제2항, 제32조제1항 · 제2항 · 제3항, 제33조제1항 · 제2항 · 제3항 · 제5항, 제34조제1항 · 제2항 · 제5항, 제35조, 제36조제1항 · 제2항, 제40조제2항 · 제3항 · 제4항, 제41조제1항 · 제2항 · 제3항, 제42조제1항 · 제3항, 제43조제1항 · 제2항, 제45조, 제46조, 제49조제2항, 제52조제1항 · 제2항, 제56조제1항 · 제2항, 제57조, 제60조제2항 · 제3항, 제62조, 제67조제1항 · 제2항, 제72조제1항 · 제2항 · 제3항, 제73조제2항, 제83조, 제84조,

제85조, 제87조제1항ㆍ제3항ㆍ제4항, 제88조제1항ㆍ제2항ㆍ제4항, 제89조제1항ㆍ제2항, 제90조, 제91조, 제93조, 제94조, 제96조, 제99조, 제104조제4항ㆍ제5항ㆍ제6항 중 "산업자원부장관"을 각각 "지식경제부장관"으로 한다.

〈339〉 부터 〈760〉 까지 생략

제7조 생략

부칙 〈제9313호, 2008. 12. 31.〉 (자연공원법)

제1조(시행일) 이 법은 공포한 날부터 시행한다.

제2조 생략

제3조(다른 법률의 개정) ① 및 ② 생략

③ 광업법 일부를 다음과 같이 개정한다.

제43조제1항제10호를 다음과 같이 한다.

10. 「자연공원법」 제23조제1항에 따른 공원구역에서의 행위허가

④ 부터 ㉙ 까지 생략

부칙 〈제9636호, 2009. 4. 22.〉 (궤도운송법)

제1조(시행일) 이 법은 공포 후 6개월이 경과한 날부터 시행한다.

제2조 부터 제6조까지 생략

제7조(다른 법률의 개정) ① 생략

② 광업법 일부를 다음과 같이 개정한다.

제70조제6호 중 "궤도ㆍ삭도(索道)"를 "궤도"로 하고, 제71조제4

호 중 "궤도 · 삭도"를 "궤도"로 한다.

③ 부터 ⑪ 까지 생략

제8조 생략

부칙 〈제9763호, 2009. 6. 9.〉 (산림보호법)

제1조(시행일) 이 법은 공포 후 9개월이 경과한 날부터 시행한다. 〈단서 생략〉

제2조 부터 제6조까지 생략

제7조(다른 법률의 개정) ① 부터 ④ 까지 생략

⑤ 광업법 일부를 다음과 같이 개정한다.

제43조제1항제8호 중 "같은 법 제45조제1항 · 제2항에 따른 보안림 안에서의 입목 · 죽의 벌채, 임산물의 굴취 · 채취 및 토지의 형질변경의 허가 · 신고"를 "「산림보호법」 제9조제1항 및 제2항제1호 · 제2호에 따른 산림보호구역(산림유전자원보호구역은 제외한다)에서의 행위의 허가 · 신고"로 한다.

⑥ 부터 〈61〉 까지 생략

제8조 생략

부칙 〈제9774호, 2009. 6. 9.〉 (측량 · 수로조사 및 지적에 관한 법률)

제1조(시행일) 이 법은 공포 후 6개월이 경과한 날부터 시행한다.

제2조 부터 제17조까지 생략

제18조(다른 법률의 개정) ① 부터 ⑥ 까지 생략

⑦ 광업법 일부를 다음과 같이 개정한다.

제33조제3항 중 "「측량법」 제39조"를 "「측량·수로조사 및 지적에 관한 법률」 제44조제2항"으로 한다.

⑧ 부터 ㊹ 까지 생략

제19조 생략

부칙 〈제9982호, 2010. 1. 27.〉

제1조(시행일) 이 법은 공포 후 1년이 경과한 날부터 시행한다.

제2조(광물에 관한 경과조치) 이 법 시행 당시 종전의 제15조에 따라 광업권설정을 받기 위하여 출원 중이거나 광업권설정의 허가를 받고 등록을 하지 아니한 광업권 및 종전의 규정에 따라 설정등록된 광업권의 목적이 되는 광물에 대하여는 그 광업권이 존속할 때까지 제3조제1호의 개정규정에도 불구하고 종전의 규정에 따른다.

제3조(채광계획의 인가를 받은 광업권 등에 관한 경과조치) ① 이 법 시행 당시 종전의 제42조에 따라 채광계획의 인가를 받은 광업권 및 그 광업권에 설정등록이 된 조광권은 종전의 규정에 따라 광업권의 설정등록이 된 날 및 조광권의 설정등록이 된 날에 이 법의 개정규정에 따른 채굴권이 설정등록되거나 그 채굴권에 조광권이 설정등록된 것으로 보고, 그 채광계획이 인가된 날에 이 법의 개정규정에 따라 채굴계획의 인가를 받은 것으로 본다.

② 제1항에 따라 설정등록이 된 것으로 보는 채굴권의 존속기간은 종전의 제12조제1항 또는 제2항에 따라 해당 광업권에 부여된 존속기간으로 하되, 그 존속기간의 연장에 관하여는 제12조제3항의

개정규정을 적용한다.

제4조(채광계획의 인가를 받지 아니한 광업권 등에 관한 경과조치) ① 이 법 시행 당시 다음 각 호의 어느 하나에 해당하는 광업권과 그 광업권에 설정등록된 조광권, 그 광업권에 대한 조광권의 설정 등에 관하여는 이 법의 개정규정에도 불구하고 제4조, 제8조, 제11조, 제12조, 제19조, 제24조, 제36조, 제49조, 제50조, 제51조, 제52조, 제53조, 제54조, 제55조, 제56조, 제59조는 종전의 규정에 따른다. 다만, 종전의 제42조에 따른 채광계획의 인가 또는 제42조에 따른 채굴계획의 인가를 받은 때에는 그러하지 아니하다. 〈개정 2016. 1. 6.〉

1. 종전의 제15조에 따라 광업권설정을 받기 위하여 출원 중이거나 광업권설정의 허가를 받고 등록을 하지 아니한 광업권

2. 종전의 제42조에 따른 채광계획의 인가를 받지 아니한 광업권

② 제1항에 따라 종전의 제42조에 따른 채광계획의 인가를 받은 광업권 및 그 인가 당시 광업권에 설정등록이 된 조광권은 종전의 규정에 따라 광업권의 설정등록이 된 날 및 조광권의 설정등록이 된 날에 이 법의 개정규정에 따른 채굴권이 설정등록되거나 그 채굴권에 조광권이 설정등록된 것으로 보고, 그 채광계획이 인가된 날에 이 법의 개정규정에 따른 채굴계획의 인가를 받은 것으로 본다.

③ 제2항에 따라 설정등록이 된 것으로 보는 채굴권의 존속기간은 종전의 제12조제1항 또는 제2항에 따라 해당 광업권에 부여된 존속기간으로 하되, 그 존속기간의 연장에 관하여는 제12조제3항의 개정규정을 적용한다.

제5조(외국인의 권리능력 변경에 관한 경과조치) 이 법 시행 당시 종전의 규정에 따라 광업권설정의 허가를 받은 외국인은 제10조의2의 개정규정에 따라 광업권을 가질 수 있는 외국인으로 본다.

제6조(소멸 광구의 출원 제한에 관한 경과조치) 이 법 시행 전에 종전의 제12조에 따른 광업권의 존속기간이 끝나 광업권이 소멸하였거나 종전의 제35조에 따라 광업권이 취소되어 광업권이 소멸한 광구에 대한 광업권설정의 출원 제한에 관하여는 제16조의 개정규정에도 불구하고 종전의 규정에 따른다.

제7조(광업권 또는 조광권의 취소에 관한 경과조치) ① 이 법 시행 당시 종전의 제42조에 따른 채광계획의 인가를 받은 광업권 및 그 광업권에 설정등록이 된 조광권과 관련된 이 법 시행 전의 행위에 따른 광업권 또는 조광권의 취소에 관하여는 제35조 및 제57조의 개정규정에도 불구하고 종전의 규정에 따른다.

② 부칙 제4조제1항에 따른 광업권 및 그 광업권에 설정등록된 조광권과 관련된 행위로서 이 법 시행 후 종전의 제42조에 따른 채광계획 인가 전에 행한 행위에 따른 광업권 및 조광권의 취소에 관하여는 제35조 및 제57조의 개정규정에도 불구하고 종전의 규정에 따른다.

제8조(광업 기본계획에 관한 경과조치) 이 법 시행 당시 종전의 제85조에 따라 수립하여 공고한 광업 개발 계획 및 연도별 실행 계획은 제85조의 개정규정에 따라 수립하여 공고한 광업에 대한 기본계획 및 연도별 시행계획으로 본다.

제9조(벌칙 또는 과태료에 관한 경과조치) ① 이 법 시행 당시 종전

의 제42조에 따른 채광계획의 인가를 받은 광업권 및 그 광업권에 설정등록된 조광권과 관련된 이 법 시행 전의 행위에 대하여 벌칙 또는 과태료를 적용할 때에는 종전의 규정에 따른다.

② 부칙 제4조제1항에 따른 광업권 및 그 광업권에 설정등록된 조광권과 관련된 행위로서 이 법 시행 후 종전의 제42조에 따른 채광계획 인가 전에 행한 행위에 대하여 벌칙 또는 과태료를 적용할 때에는 종전의 규정에 따른다.

제10조(다른 법률의 개정) ① 공유수면관리법 일부를 다음과 같이 개정한다.

제5조제1항제10호 중 "제3조제1항"을 "제3조제1호"로 한다.

② 광산보안법 일부를 다음과 같이 개정한다.

제3조제2항 중 "광업권자"를 "채굴권자"로 하고, 같은 조 제3항 본문 중 "광업권의"를 "채굴권의"로, "광업권자"를 "채굴권자"로 하며, 같은 항 단서 중 "광업권"을 "채굴권"으로 한다.

제9조의2제3항 본문 중 "광업권자"를 "채굴권자"로 하고, 같은 조 제4항 중 "광업권자"를 "채굴권자"로 한다.

③ 광산피해의 방지 및 복구에 관한 법률 일부를 다음과 같이 개정한다.

제2조제2호 중 "채광계획인가"를 "채굴계획의 인가"로 하고, 같은 조 제3호 중 "제40조제3항 및 제60조제2항"을 "제42조의2제2항(같은 법 제61조에서 준용하는 경우를 포함한다)"으로 하며, 같은 조 제7호가목 중 "채광계획인가"를 "채굴계획의 인가"로, "광업권자"를 "채굴권자"로 한다.

④ 보금자리주택건설 등에 관한 특별법 일부를 다음과 같이 개정한다.

제35조제4항제4호 중 "채광계획"을 "채굴계획"으로 한다.

⑤ 국토의 계획 및 이용에 관한 법률 일부를 다음과 같이 개정한다.

제61조제1항제3호 중 "채광계획"을 "채굴계획"으로 한다.

제92조제1항제5호 중 "채광계획"을 "채굴계획"으로 한다.

⑥ 산지관리법 일부를 다음과 같이 개정한다.

제27조제1항제2호 중 "채광작업"을 "채굴작업"으로 하고, 같은 조 제2항 각 호 외의 부분 본문 중 "채광하기"를 "채굴하기"로, "채광계획인가"를 "채굴계획의 인가"로, "광업권자"를 "채굴권자"로 한다.

제35조제4항 중 "채광계획인가"를 "채굴계획의 인가"로 한다.

제37조제1항 각 호 외의 부분 단서 중 "채광"을 "채굴"로 한다.

⑦ 석탄산업법 일부를 다음과 같이 개정한다.

제39조의3제2항 후단 중 "광업권"을 "채굴권"으로 한다.

제39조의4제1항 중 "광업권자"를 "채굴권자"로, "광업권에"를 "채굴권에"로 하고, 같은 조 제2항 중 "광업권"을 "채굴권"으로 한다.

제39조의5 중 "광업권"을 각각 "채굴권"으로 한다.

제39조의6제2항 중 "채광계획인가"를 "채굴계획 인가"로 한다.

⑧ 자연환경보전법 일부를 다음과 같이 개정한다.

제46조제2항제2호 중 "노천탐광"을 "노천탐사"로 한다.

⑨ 주택법 일부를 다음과 같이 개정한다.

제17조제1항제4호 중 "채광계획"을 "채굴계획"으로 한다.

⑩ 해양생태계의 보전 및 관리에 관한 법률 일부를 다음과 같이

개정한다.

제49조제2항제2호 중 "「광업법」 제4조"를 "「광업법」 제3조제2호"로, "탐광"을 "탐사"로 한다.

부칙 〈제10331호, 2010. 5. 31.〉

제1조(시행일) 이 법은 공포 후 6개월이 경과한 날부터 시행한다. 〈단서 생략〉

제2조 부터 제11조까지 생략

제12조(다른 법률의 개정) ① 부터 ⑨ 까지 생략

⑩ 광업법 일부를 다음과 같이 개정한다.

제43조제1항제9호 중 "산지전용신고"를 "산지전용신고, 같은 법 제15조의2에 따른 산지일시사용허가 · 신고"로 한다.

⑪ 부터 〈89〉 까지 생략

제13조 생략

부칙 〈제11434호, 2012. 5. 23.〉

제1조(시행일) 이 법은 공포 후 3개월이 경과한 날부터 시행한다.

제2조(굴진탐사 제한에 관한 적용례) 제35조제1항제1호의2 · 제40조의2 및 제101조제1항제1호의2의 개정규정은 이 법 시행 당시 법률 제9982호 광업법 일부개정법률 부칙 제4조제1항제1호 또는 제2호의 광업권을 보유하고 있는 자에 대하여도 적용한다. 이 경우 "탐사권자"는 "광업권자"로 본다.

제3조(굴진탐사 제한에 관한 경과조치) 이 법 시행 당시 굴진탐사를

하고 있는 탐사권자(법률 제9982호 광업법 일부개정법률 부칙 제4조제1항제1호 또는 제2호의 광업권을 보유하고 있는 자를 포함한다)는 이 법 시행 후 3개월 이내에 제40조의2의 개정규정에 따라 지식경제부장관의 허가를 받아야 하며, 허가를 받지 못하는 경우에는 굴진탐사를 중단하여야 한다.

부칙 〈제11690호, 2013. 3. 23.〉 (정부조직법)

제1조(시행일) ① 이 법은 공포한 날부터 시행한다.

② 생략

제2조 부터 제5조까지 생략

제6조(다른 법률의 개정) ①부터 〈361〉까지 생략

〈362〉 광업법 일부를 다음과 같이 개정한다.

제9조제2항, 제12조제3항 전단, 제13조제3항, 제15조제1항, 같은 조 제2항 각 호 외의 부분 본문, 같은 조 제4항, 같은 조 제5항 본문, 제6항 본문, 제17조제1항 전단, 같은 조 제2항 · 제3항, 제18조제3항, 제19조 각 호 외의 부분, 제22조 본문, 제24조제1항 · 제2항, 제25조, 제27조제2항 · 제3항, 제28조제1항, 제29조제1항 · 제2항, 제32조제1항부터 제3항까지, 제33조제1항부터 제3항까지, 제5항, 제34조제1항 · 제2항 · 제5항, 제35조제1항 각 호 외의 부분, 같은 항 제1호의2, 같은 조 제2항 각 호 외의 부분, 제36조제1항, 같은 조 제2항 본문, 제40조 전단, 제40조의2 단서, 제41조제1항 전단, 제2항 전단, 같은 조 제3항, 제42조제1항 전단, 같은 조 제3항 · 제5항, 제42조의2제2항 · 제3항, 제43조제1항 각 호 외의 부분,

같은 조 제2항, 제45조, 제46조, 제49조제2항, 제52조제1항·제2항, 제56조제1항 전단, 같은 조 제2항, 제57조 각 호 외의 부분, 제62조, 제67조제1항·제2항, 제72조제1항부터 제3항까지, 제73조제2항, 제83조부터 제85조까지, 제86조제1항 각 호 외의 부분, 제87조제1항·제3항·제4항, 제88조제1항·제2항·제4항, 제89조제1항·제2항, 제90조, 제91조 본문 및 단서, 제93조, 제94조, 제96조, 제99조 각 호 외의 부분, 제101조제1항제1호의2 및 제104조제4항 중 "지식경제부장관"을 각각 "산업통상자원부장관"으로 한다.

제15조제2항제3호, 제24조제3항, 제40조 전단 및 제98조 중 "지식경제부령"을 각각 "산업통상자원부령"으로 한다.

제92조제1항 중 "지식경제부"를 "산업통상자원부"로 한다.

〈363〉부터 〈710〉까지 생략

제7조 생략

부칙 〈제12738호, 2014. 6. 3.〉 (공간정보의 구축 및 관리 등에 관한 법률)

제1조(시행일) 이 법은 공포 후 1년이 경과한 날부터 시행한다. 〈단서 생략〉

제2조(다른 법률의 개정) ①부터 ⑩까지 생략

⑪ 광업법 일부를 다음과 같이 개정한다.

제33조제3항 중 "「측량·수로조사 및 지적에 관한 법률」 제44조제2항"을 "「공간정보의 구축 및 관리 등에 관한 법률」 제44조제2항"으로 한다.

⑫부터 〈65〉까지 생략

제3조 생략

부칙 〈제13729호, 2016. 1. 6.〉 (광산안전법)

제1조(시행일) 이 법은 공포 후 1년이 경과한 날부터 시행한다.

제2조 부터 제5조까지 생략

제6조(다른 법률의 개정) ① 생략

② 광업법 일부를 다음과 같이 개정한다.

제35조제1항제5호, 같은 조 제2항제9호, 제48조제1호 · 제2호 및 제57조제9호 중 "「광산보안법」"을 각각 "「광산안전법」"으로 한다.

③부터 ⑩까지 생략

제7조 생략

부칙 〈제13730호, 2016. 1. 6.〉

제1조(시행일) 이 법은 공포 후 6개월이 경과한 날부터 시행한다.

제2조(광업권설정의 등록세 납부 및 등록신청에 관한 경과조치) 이 법 시행 전에 광업권설정 허가통지서를 받은 경우의 등록세 납부 및 등록신청의 기한에 관하여는 제28조제1항의 개정규정에도 불구하고 종전의 규정에 따른다.

제3조(조광권설정의 등록세 납부 및 등록신청에 관한 경과조치) 이 법 시행 전에 조광권설정 인가통지서를 받은 경우의 등록세 납부 및 등록신청의 기한에 관하여는 제52조제2항의 개정규정에도 불구하고 종전의 규정에 따른다.

제4조(채굴계획의 인가를 받지 아니한 광업권 등에 관한 경과조치) ①법률 제9982호 부칙 제4조에 따라 종전의 규정의 적용을 받는 광업권자 및 조광권자는 제42조의 개정규정에 따라 채굴계획의 인가를 받은 경우 광업권 등록이 된 날 및 조광권의 설정등록이 된 날에 이 법의 채굴권이 설정등록되거나 그 채굴권에 조광권이 설정등록된 것으로 본다.

② 제1항에 따라 설정등록이 된 것으로 보는 채굴권의 존속기간은 광업권 등록 당시에 광업권에 부여된 존속기간으로 하되, 그 존속기간의 연장에 관하여는 제12조제3항을 적용한다.

③ 제1항에 따라 채굴권에 설정등록이 된 것으로 보는 조광권의 존속기간은 조광권의 설정 등록 당시에 조광권에 부여된 존속기간으로 하되, 그 존속기간의 연장과 소멸에 관하여는 제49조제2항 및 제56조를 각각 적용한다.

부칙 〈제14990호, 2017. 10. 31.〉

이 법은 공포한 날부터 시행한다.

부칙 〈제16127호, 2018. 12. 31.〉

이 법은 공포 후 3개월이 경과한 날부터 시행한다.

부칙 〈제18811호, 2022. 2. 3.〉

제1조(시행일) 이 법은 공포 후 1개월이 경과한 날부터 시행한다.

제2조(탐사계획 신고·변경신고에 관한 적용례) 제40조제2항 및 제

3항의 개정규정은 이 법 시행 이후 신고 또는 변경신고를 하는 경우부터 적용한다.

제3조(채굴계획 인가·변경인가 시 협의에 관한 적용례) 제43조제3항의 개정규정은 이 법 시행 이후 협의를 요청하는 경우부터 적용한다.

부칙 〈제19117호, 2022. 12. 27.〉 (산림자원의 조성 및 관리에 관한 법률)

제1조(시행일) 이 법은 공포 후 6개월이 경과한 날부터 시행한다.

제2조 생략

제3조(다른 법률의 개정) ①부터 ⑬까지 생략

⑭ 광업법 일부를 다음과 같이 개정한다.

제43조제1항제8호 중 "「산림자원의 조성 및 관리에 관한 법률」 제36조제1항·제4항"을 "「산림자원의 조성 및 관리에 관한 법률」 제36조제1항·제5항"으로 한다.

⑮부터 〈98〉까지 생략

부칙 〈제20439호, 2024. 9. 20.〉

이 법은 공포 후 6개월이 경과한 날부터 시행한다.

부칙 〈제21065호, 2025. 10. 1.〉 (정부조직법)

제1조(시행일) 이 법은 공포한 날부터 시행한다. 다만, 부칙 제7조에 따라 개정되는 법률 중 이 법 시행 전에 공포되었으나 시행일이

도래하지 아니한 법률을 개정한 부분은 각각 해당 법률의 시행일부터 · · · 〈생략〉 · · · 시행한다.

1. 및 2. 생략

제2조 부터 제6조까지 생략

제7조(다른 법률의 개정) ①부터 〈209〉까지 생략

〈210〉 광업법 일부를 다음과 같이 개정한다.

제9조제2항, 제12조제3항 전단, 제13조제3항, 제15조제1항, 같은 조 제2항 각 호 외의 부분 본문, 같은 조 제4항, 같은 조 제5항 본문, 같은 조 제6항 본문, 제17조제1항 전단, 같은 조 제2항 · 제3항, 제18조제3항, 제19조 각 호 외의 부분, 제22조 본문, 제24조제1항 · 제2항, 제25조, 제27조제2항 · 제3항, 제28조제1항, 제29조제1항 · 제2항, 제32조제1항부터 제3항까지, 제33조제1항부터 제3항까지 · 제5항, 제34조제1항 · 제2항 · 제5항, 제35조제1항 각 호 외의 부분, 같은 항 제1호의2, 같은 조 제2항 각 호 외의 부분, 같은 조 제3항 각 호 외의 부분, 제36조제1항, 같은 조 제2항 본문, 제40조제1항 전단, 같은 조 제2항 · 제3항, 제40조의2 단서, 제41조제1항 전단, 같은 조 제2항 전단, 같은 조 제3항, 제42조제1항 전단, 같은 조 제3항 · 제5항, 제42조의2제2항 · 제3항, 제43조제1항 각 호 외의 부분, 같은 조 제2항, 제45조, 제46조, 제49조제2항, 제52조제1항 · 제2항, 제56조제1항 전단, 같은 조 제2항, 제57조 각 호 외의 부분, 제62조, 제67조제1항 · 제2항, 제72조제1항부터 제3항까지, 제73조제2항, 제83조부터 제85조까지, 제86조제1항 각 호 외의 부분, 제86조의2제1항, 같은 조 제2항 전단 · 후단, 제87조제1항 · 제3

항 · 제4항, 제88조제1항 · 제2항 · 제4항, 제89조제2항, 제90조, 제91조 본문 · 단서, 제93조, 제94조, 제96조제1항 · 제2항, 제99조 각 호 외의 부분, 제101조제1항제1호의2 및 제104조제4항 중 "산업통상자원부장관"을 각각 "산업통상부장관"으로 한다.

제15조제2항제3호, 제24조제3항, 제34조제4항제1호, 제40조제1항 전단, 같은 조 제2항 및 제98조 중 "산업통상자원부령"을 각각 "산업통상부령"으로 한다.

제92조제1항 중 "산업통상자원부"를 "산업통상부"로 한다.

〈211〉부터 〈626〉까지 생략

제8조 생략

광업법 시행령

[시행 2025. 10. 1.] [대통령령 제35803호, 2025. 10. 1., 타법개정]

제28조(현장조사)
제29조(광구경계측량)
제30조(손실의 산정기준 등)
제31조(국가중요건설사업지 등)
제32조(광업의 투자실적)
제33조(광물의 생산실적)
제34조(상속 등에 의한 변경등록신청)
제35조(공동광업권자의 탈퇴등록신청)
제36조삭 제
제37조(탐사실적의 제출)
제38조(채굴계획의 인가 등)
제39조(채굴의 중단신청 등)
제40조(지도 · 점검)

제3장 조광권

제41조(조광권의 존속기간 및 연장인가)
제42조(특정광상)
제43조(조광구의 최소면적)
제44조(조광권의 설정신청)
제45조(조광권설정인가 등의 통지)
제46조(조광료율 등)
제47조(조광권의 소멸신청)
제48조삭 제
제49조(준용)

제4장 토지의 사용과 수용

제50조(토지출입 등의 신청)
제51조(출입 등의 통지)
제52조(증명서의 휴대 및 제시)
제53조(토지 사용의 인정신청)
제54조(의견 청취 등)
제55조(사업인정의 고시)
제56조(권리취득 등의 신고)

제5장 감독 및 지원

제57조(광업사무소 등의 신고)
제58조(산업통상부장관이 정하는 광산단위에 의한 인가 등)
제59조(광물 생산 보고서)
제60조(갱내 실측도 등의 작성 · 비치)

**개정 예정 법률 밑줄 별도 표시.

광업법 시행령

[시행 2025. 10. 1.] [대통령령 제35803호, 2025. 10. 1., 타법개정]

제1장 총칙

제1조(목적) 이 영은 「광업법」에서 위임된 사항과 그 시행에 필요한 사항을 규정함을 목적으로 한다.

제2조(외국인의 범위) 「광업법」(이하 "법"이라 한다) 제10조의2에 따른 외국인은 다음 각 호의 어느 하나에 해당하는 자로 한다.

1. 대한민국 국적을 보유하고 있지 아니한 개인
2. 다음 각 목의 어느 하나에 해당하는 법인

가. 외국의 법령에 따라 설립된 법인

나. 사원 또는 구성원의 2분의 1 이상이 제1호에 해당하는 자인 법인

다. 업무를 집행하는 사원이나 이사 등 임원의 2분의 1 이상이 제1호에 해당하는 자인 법인

라. 제1호에 해당하는 사람이나 가목에 해당하는 법인이 자본금의 2분의 1 이상이나 의결권의 2분의 1 이상을 가지고 있는 법인. 이 경우 자본금이나 의결권을 계산할 때 주식회사의 무기명주식은 제1호에 해당하는 사람이나 가목에 해당하는 법인이 가지고 있는 것으로 본다.

[전문개정 2010. 12. 28.]

제2장 광업권

제3조(광업권의 존속기간) ① 법 제12조제1항에 따른 탐사권의 존속기간은 7년으로 한다.

② 법 제12조제2항에 따른 채굴권의 존속기간은 20년으로 한다. 〈개정 2015. 4. 7.〉

[전문개정 2010. 12. 28.]

제4조(채굴권 존속기간의 연장허가) ①산업통상부장관은 법 제12조제3항에 따른 채굴권 존속기간의 연장허가신청을 받은 경우 그 채굴권자가 다음 각 호의 어느 하나에 해당하면 허가를 하여서는 아니 된다. 〈개정 2008. 2. 29., 2010. 12. 28., 2013. 3. 23., 2017. 1. 6., 2025. 10. 1.〉

1. 채굴권 존속기간의 연장허가 신청일부터 소급한 3년 간의 광물의 생산실적이 별표 3에 따른 광물의 생산실적에 미달하는 경우 또는 법 제83조에 따른 광물 생산 보고서가 제출되지 아니한 경우. 다만, 연장허가 신청일부터 소급한 3년 간의 광업의 투자실적이 별표 2에 따른 광업의 투자실적 이상인 경우는 예외로 한다.

2. 「광산안전법」 제15조의2에 따른 명령을 위반한 경우

②법 제12조제3항에 따른 채굴권 존속기간 연장허가신청은 그 존속기간이 끝나기 1년 전부터 3개월 전까지의 기간에 하여야 한다. 〈개정 2010. 12. 28., 2015. 4. 7., 2017. 7. 11.〉

③산업통상부장관은 채굴권자가 법 제12조제3항에 따라 채굴권

연장허가 신청을 한 경우에는 신청일부터 14일 이내에 그 허가 여부 또는 허가 처리 지연 사유를 신청인에게 문서로 통지하여야 한다. 이 경우 불허가 통지를 할 때에는 그 이유를 명시하여야 한다. 〈개정 2008. 2. 29., 2010. 12. 28., 2013. 3. 23., 2017. 7. 11., 2025. 10. 1.〉

④ 산업통상부장관은 제3항에 따라 허가 처리 지연 사유를 통지하는 경우에는 그 처리기간을 10일 이내에서 1회에 한정하여 연장할 수 있다. 〈신설 2017. 7. 11., 2025. 10. 1.〉

⑤제3항 전단에 따라 채굴권 존속기간의 연장허가 통지를 받은 자는 그 통지서를 받은 날부터 60일 이내에 등록에 대한 등록면허세를 내고 산업통상부장관에게 채굴권 존속기간의 연장등록을 신청하여야 한다. 〈개정 2008. 2. 29., 2010. 9. 20., 2010. 12. 28., 2013. 3. 23., 2015. 4. 7., 2017. 7. 11., 2025. 10. 1.〉

⑥제5항에 따른 연장등록을 신청하지 아니하면 채굴권 존속기간의 연장허가는 효력을 상실한다. 〈개정 2010. 12. 28., 2017. 7. 11.〉

[제목개정 2010. 12. 28.]

제5조(측점의 설치) ①법 제14조제1항(같은 항 제3호는 제외한다)에 따라 광구(鑛區)를 설정하는 경우 그 광구의 경계는 측점(測點)을 설치하여 직선으로 정하여야 한다.

②제1항의 경우에 산업통상부장관은 측점의 위치가 적당하지 아니하다고 인정하면 상당한 기간을 정하여 그 측점의 위치를 조정하도록 할 수 있다. 〈개정 2008. 2. 29., 2013. 3. 23., 2025. 10. 1.〉

③제1항에 따른 측점의 설치 방법은 산업통상부령으로 정한다.

〈개정 2008. 2. 29., 2013. 3. 23., 2025. 10. 1.〉

제6조(단위구역의 면적이 필요하지 아니한 광물의 종류) 법 제14조제1항제2호에 따른 단위구역의 면적이 필요하지 아니한 광물의 종류는 인광 · 유황 · 석고 · 납석 · 활석 · 홍주석(규선석 및 남정석을 포함한다) · 형석 · 규조토 · 장석 · 불석 · 사문석 · 수정 · 연옥 · 고령토 · 석회석(백운석 및 규회석을 포함한다) · 규석 · 규사 · 지르코늄광 · 티탄철광(사광상에 묻혀 있는 것만 해당한다) · 사금 · 토륨광 · 탄탈륨광 · 니오비움광 · 붕소광 · 마그네사이트 · 석탄 · 흑연 · 금강석 · 석유(천연피치와 가연성 천연가스를 포함한다) · 명반석 · 중정석 · 하석 · 운모(견운모 및 질석을 포함한다) 및 희토류광(세륨, 란타늄, 이트륨, 프라세오디뮴, 네오디뮴, 프로메튬, 사마륨, 유로퓸, 가돌리늄, 테르븀, 디스프로슘, 홀뮴, 에르븀, 툴륨, 이터븀, 루테튬, 스칸듐을 함유하는 토석을 말한다)으로 한다. 〈개정 2016. 7. 6.〉

[전문개정 2010. 12. 28.]

제7조(광구의 면적) 법 제14조제3항에 따라 광구의 최대면적은 300헥타르로 하며, 최소면적은 석탄 · 흑연(인상흑연은 제외한다) 및 석유(천연피치 및 가연성 천연가스를 포함한다)의 경우에는 30헥타르, 그 밖의 광물의 경우에는 3헥타르로 한다.

제8조(합의서의 제출) 법 제14주제4항 단서에 따라 기존광구의 광업권자와 인접한 광구의 광업권 자 또는 광업권설정을 출원(出願)한 자(이하 "광업출원인"이라 한다) 사이에 합의가 이루어진 경우에는 그 합의서를 산업통상부장관에게 제출하여야 한다. 〈개정 2008. 2. 29., 2013. 3. 23., 2025. 10. 1.〉

제9조(광업권설정의 출원) ①법 제15조제1항에 따라 광업권설정을 받으려는 자는 산업통상부령으로 정하는 광업권설정출원서를 산업통상부장관에게 제출하여야 한다. 〈개정 2008. 2. 29., 2013. 3. 23., 2025. 10. 1.〉

②법 제15조제2항 단서에서 “대통령령으로 정하는 기간”은 6개월로 한다.

③법 제15조제2항제2호에 따른 광상(鑛床)에 관한 설명서(이하 “광상설명서”라 한다)는 다음 각 호의 어느 하나에 해당하는 자가 작성하여야 한다. 다만, 석유에 관한 광상설명서는 제1호의 자만 작성할 수 있다. 〈개정 2008. 2. 29., 2010. 12. 28., 2013. 3. 23., 2025. 10. 1.〉

1. 국가 · 지방자치단체의 기관 또는 산업통상부장관이 인정하는 기관

2. 「국가기술자격법」에 따른 광업자원 분야 기술사 또는 국토개발 분야 지질 및 지반 기술사

3. 「국가기술자격법」에 따른 광산보안기사 또는 응용지질기사 자격을 소지한 사람으로서 제1호의 기관에서 광상 조사 업무에 2년 이상 종사한 사람

4. 「국가기술자격법」에 따른 광산보안산업기사 자격을 소지한 사람으로서 제1호의 기관에서 광상 조사 업무에 5년 이상 종사한 사람

5. 공업직(자원직류만 해당한다) 공무원으로 광업 행정 업무에 10년 이상 종사하였던 사람으로서 광상 조사 업무에 전문지식과 능력

이 있다고 산업통상부장관이 인정하는 사람

④광상설명서의 기재 사항, 작성 방법 및 광상설명서 작성자 등에 관하여 필요한 사항은 산업통상부장관이 정하여 고시한다. 〈개정 2008. 2. 29., 2013. 3. 23., 2025. 10. 1.〉

⑤산업통상부장관은 법 제15조제5항에 따라 현장조사를 한 결과 광업권설정의 출원광물과 같은 광상에 묻혀 있는 다른 광물의 존재를 확인한 경우에는 그 광물을 출원광물로 추가할 수 있다. 〈개정 2008. 2. 29., 2013. 3. 23., 2025. 10. 1.〉

제10조(출원서의 불수리 등) ①산업통상부장관은 법 제15조제1항에 따른 광업권설정의 출원이 다음 각 호의 어느 하나에 해당하면 이를 수리(受理)하지 아니한다. 〈개정 2008. 2. 29., 2013. 3. 23., 2025. 10. 1.〉

1. 출원광물이 법 제3조제1호의 광물이 아닌 경우

2. 법 제13조제3항에 따라 고시된 단위구역에 관한 출원으로서 단위구역에 따르지 아니한 경우

3. 법 제14조제1항의 경우에 출원광구의 면적이 제7조에 따른 최대면적을 초과하거나 최소면적에 미달하는 경우

4. 법 제15조제3항을 위반하여 출원한 경우

5. 법 제16조를 위반하여 출원한 경우

6. 출원수수료를 내지 아니한 경우

②산업통상부장관은 광업출원인이 법 제15조제2항 단서에 따른 기간 내에 광상설명서를 제출하지 아니하면 그 광업권설정의 출원을 각하(却下)하여야 한다. 〈개정 2008. 2. 29., 2010. 12. 28.,

2013. 3. 23., 2016. 7. 6., 2025. 10. 1.〉

제11조(현장조사를 하지 아니할 수 있는 사유) ①법 제15조제5항 단서에 따라 현장조사를 하지 아니할 수 있는 사유는 다음 각 호와 같다. 〈개정 2008. 2. 29., 2013. 3. 23., 2015. 4. 7., 2016. 7. 6., 2025. 10. 1.〉

1. 국가·지방자치단체의 기관 또는 산업통상부장관이 인정하는 기관에서 조사·작성한 보고서나 문헌에 의하여 목적광물이 묻혀 있는지가 확인된 경우

2. 「국가기술자격법」에 따른 기술사가 조사·작성한 보고서에 따라 목적광물이 묻혀 있는지가 확인된 경우

3. 광상설명서에 따라 목적광물이 묻혀 있는지가 확인된 경우. 다만, 광업권설정의 출원구역(이하 "출원구역"이라 한다)이 이종광물(異種鑛物)의 광구와 중복된 경우에는 그러하지 아니하다.

②제1항제2호 또는 제3호에 따라 현장조사를 하지 아니할 수 있는 광물의 종류는 산업통상부장관이 정한다. 〈개정 2008. 2. 29., 2013. 3. 23., 2015. 4. 7., 2025. 10. 1.〉

[제목개정 2015. 4. 7.]

제12조 삭제 〈2016. 7. 6.〉

제13조(대표자의 선정신고) 법 제17조제1항 전단에 따른 공동광업출원인의 대표자 선정신고는 공동광업출원인 전원의 연서(連署)로 한다. 다만, 광업권설정출원서에 대표자를 표시한 경우에는 그러하지 아니하다.

제14조(대표자의 변경신고) 법 제17조제1항 후단에 따라 공동광업

출원인의 대표자를 변경한 경우에는 지체 없이 연서하여 산업통상부장관에게 신고하여야 한다. 〈개정 2008. 2. 29., 2013. 3. 23., 2025. 10. 1.〉

제15조(대표자의 지정 통지) 법 제17조제2항에 따라 산업통상부장관이 공동광업출원인의 대표자를 지정한 경우에는 공동광업출원인에게 이를 알려야 한다. 〈개정 2008. 2. 29., 2013. 3. 23., 2025. 10. 1.〉

제16조(준 용) 법 제30조제1항에서 준용하는 공동광업권자에 대하여는 제13조부터 제15조까지의 규정을 준용한다. 이 경우 "공동광업출원인"을 "공동광업권자"로 본다.

제17조(대표자의 광업권설정 출원의 취하 등) ①공동광업출원인의 대표자가 광업권설정 출원을 취하(取下)하거나 출원구역의 증감 출원을 하려는 경우에는 그 신청서에 공동광업출원인의 결의서 또는 이를 갈음할 수 있는 서류를 첨부하여 산업통상부장관에게 제출하여야 한다. 〈개정 2008. 2. 29., 2013. 3. 23., 2025. 10. 1.〉

②공동광업권자의 대표자에 의하여 광구의 증감·분할 또는 합병을 출원하는 경우에는 제1항을 준용한다.

③산업통상부장관의 명령에 따라 출원구역의 감소를 출원하거나 광구의 감소·분할 또는 합병을 출원할 때에는 제1항과 제2항은 적용하지 아니한다. 〈개정 2008. 2. 29., 2013. 3. 23., 2025. 10. 1.〉

제18조(경합 출원시의 추첨) ①산업통상부장관이 법 제18조제3항에 따라 추첨을 하려는 경우에는 관계 광업출원인을 출석시켜야 한다. 〈개정 2008. 2. 29., 2010. 12. 28., 2013. 3. 23., 2025. 10. 1.〉

②산업통상부장관은 추첨 일시를 정하면 추첨일 15일 전까지 관계 광업출원인에게 이를 알려야 한다. 〈개정 2008. 2. 29., 2013. 3. 23., 2025. 10. 1.〉

③제2항의 통지를 받은 광업출원인이 추첨 일시에 참석하지 아니하면 산업통상부장관은 소속 공무원 2명 이상의 참석 하에 추첨을 하고, 관계 광업출원인에게 그 결과를 알려야 한다. 〈개정 2008. 2. 29., 2013. 3. 23., 2025. 10. 1.〉

제19조(광구의 증감 · 분할 · 합병출원) ①법 제26조제1항에 따라 출원구역이나 광구를 증감 · 분할 또는 합병하여 출원하려는 자는 산업통상부령으로 정하는 증감 · 분할 · 합병설정출원서를 산업통상부장관에게 제출하여야 한다. 〈개정 2008. 2. 29., 2013. 3. 23., 2025. 10. 1.〉

②제1항에 따른 출원을 하려는 경우에는 광구도(鑛區圖)에 증감 · 분할 또는 합병할 구역을 명시하여야 한다. 〈개정 2016. 7. 6.〉

③제1항의 경우에는 제21조를 준용한다.

제20조(광업출원인의 명의 변경신고) ①법 제27조제1항에 따라 광업출원인의 명의를 변경하려는 경우에는 신구(新舊)광업출원인이 연서하여 산업통상부장관에게 신고하여야 한다. 〈개정 2008. 2. 29., 2013. 3. 23., 2025. 10. 1.〉

②법 제27조제2항에 따른 상속이나 그 밖의 일반 승계 또는 사망으로 인한 공동광업출원인의 탈퇴에 따라 광업출원인의 명의가 변경된 경우에는 그 사실을 증명하는 서류를 첨부하여 산업통상부장관에게 신고하여야 한다. 광업출원인의 성명(법인의 경우에는 명칭)이나

주소를 변경한 경우에도 또한 같다. 〈개정 2008. 2. 29., 2013. 3. 23., 2025. 10. 1.〉

③제1항과 제2항의 경우에 광업출원인이 공동광업출원인이고, 그 대표자가 선정되어 있으면 제1항과 제2항의 신고는 그 대표자가 행한다. 다만, 제1항의 신고일 경우에는 공동광업출원인 전원의 결의서 또는 이를 갈음할 수 있는 서류를 첨부하여야 하며, 제2항의 신고가 대표자의 사망이나 탈퇴로 인한 것일 경우에는 공동광업출원인 전원의 연서로 행한다.

④법 제15조제2항에 따른 출원서류가 제출되기 전에는 제1항에 따른 명의변경신고를 할 수 없다.

제21조(광업권설정허가 등의 통지) ①산업통상부장관이 광업권설정을 허가한 경우에는 지체 없이 광업출원인에게 알려야 한다. 〈개정 2008. 2. 29., 2013. 3. 23., 2025. 10. 1.〉

②법 제28조제1항에 따라 광업권설정의 등록을 신청하려는 경우에는 그 등록신청서에 등록세영수증명확인서와 영수증명통지서를 첨부하여 산업통상부장관에게 제출하여야 한다. 〈개정 2008. 2. 29., 2013. 3. 23., 2025. 10. 1.〉

③산업통상부장관은 제2항의 등록신청서류에 갖추어지지 아니한 것이 있으면 기간을 정하여 보완하게 할 수 있다. 〈개정 2008. 2. 29., 2013. 3. 23., 2025. 10. 1.〉

제22조(출원 취하 등의 불수리) 산업통상부장관은 광업출원인이 법 제28조제1항에 따른 허가통지서를 받고 그 허가통지서를 받은 날부터 60일 이내에 광업권설정출원의 취하서, 광업출원인의 명의변경신

고서, 공동광업출원인의 탈퇴신고서 또는 출원구역의 증감출원서를 제출하는 때에는 이를 수리하지 아니한다. 〈개정 2008. 2. 29., 2013. 3. 23., 2016. 7. 6., 2025. 10. 1.〉

제23조(광구도의 경정) 산업통상부장관은 광구도의 광구소재지 · 명칭 · 광업지적번호 · 경계 · 방위 · 거리 · 측점 또는 면적이 사실과 다른 것을 발견한 때에는 그 광구도를 경정(更正)하고, 광업권에 대하여 경정등록을 한 후 그 사실을 광업권자에게 알려야 한다. 〈개정 2008. 2. 29., 2013. 3. 23., 2025. 10. 1.〉

제24조(같은 광상에 묻혀 있는 광물의 확인신청 등) ①법 제29조에 따라 같은 광상에 묻혀 있는 광물을 확인받으려는 자는 산업통상부령으로 정하는 광물확인신청서에 광상설명서를 첨부하여 산업통상부장관에게 제출하여야 한다. 〈개정 2008. 2. 29., 2013. 3. 23., 2025. 10. 1.〉

②산업통상부장관은 같은 광상에 묻혀 있는 광물의 확인신청을 받으면 법 제15조제5항 본문에 따른 현장조사를 하여야 한다. 다만, 광상설명서에 따라 같은 광상에 묻혀 있는 다른 광물의 존재가 확인된 경우에는 그러하지 아니하다. 〈개정 2008. 2. 29., 2013. 3. 23., 2025. 10. 1.〉

제25조(기존 갱도를 이용한 증구의 출원서) ①법 제31조제1항에 따라 기존 갱도를 이용하여 증구(增區)의 출원을 하려는 자는 산업통상부령으로 정하는 기존 갱도를 이용한 증구의 출원서[이하 "굴진증구출원서(掘進增區出願書)"라 한다]에 광상도와 그 설명서, 인접광구의 광업권자 · 조광권자 및 저당권자의 승낙서 또는 법 제32조제2항

에 따른 결정서의 등본을 첨부하여 산업통상부장관에게 제출하여야 한다. 〈개정 2008. 2. 29., 2013. 3. 23., 2025. 10. 1.〉

②제1항의 광상도는 증구 굴진을 하려는 광상의 평면도와 단면도로 구분하여 작성하여야 한다.

제26조(기존 갱도를 이용한 증구의 결정신청서 등) 법 제32조제1항에 따라 굴진증구승낙의 결정을 신청하려는 자는 다음 각 호의 사항을 적은 기존 갱도를 이용한 증구의 결정신청서에 광상도 및 인접광구의 광업권자 · 조광권자 및 저당권자와의 승낙 교섭에 관한 경위서를 첨부하여 산업통상부장관에게 제출하여야 한다. 다만, 교섭이 불가능할 때에는 그 사유서를 첨부하여야 한다. 〈개정 2008. 2. 29., 2013. 3. 23., 2025. 10. 1.〉

1. 신청인의 성명이나 명칭 및 주소

2. 인접광구의 광업권자 · 조광권자 및 저당권자의 성명이나 명칭 및 주소

3. 인접광구 광업권의 등록번호 및 광종명(鑛種名)

4. 굴진 광구가 필요한 이유

제27조(기존 갱도를 이용한 증구의 결정 절차) ①산업통상부장관은 제26조에 따라 기존 갱도를 이용한 증구의 결정신청을 받으면 그 신청서 사본을 인접광구의 광업권자 · 조광권자 및 저당권자에게 송부하고, 그 의견을 들어야 한다. 〈개정 2008. 2. 29., 2013. 3. 23., 2025. 10. 1.〉

②인접광구의 광업권자 · 조광권자 및 저당권자가 제1항에 따른 신청서 사본을 송부받으면 송부받은 날부터 20일 이내에 법 제32조

제2항에 따라 의견을 진술하거나 이를 갈음하는 답변서를 산업통상부장관에게 제출하여야 한다. 〈개정 2008. 2. 29., 2013. 3. 23., 2025. 10. 1.〉

③인접광구의 광업권자·조광권자 및 저당권자가 제2항에 따른 의견을 진술하지 아니하거나 답변서를 제출하지 아니하면 그 신청에 대하여 이의가 없는 것으로 본다.

④산업통상부장관은 법 제32조제2항에 따라 굴진 증구 결정을 하면 결정서 등본을 신청인과 인접광구의 광업권자·조광권자 및 저당권자에게 송부하여야 한다. 〈개정 2008. 2. 29., 2013. 3. 23., 2025. 10. 1.〉

제28조(현장조사) ①법 제33조제1항에 따라 인접광구에 대하여 현장조사를 신청하려는 자는 산업통상부령으로 정하는 신청서를 산업통상부장관에게 제출하여야 한다. 〈개정 2008. 2. 29., 2013. 3. 23., 2025. 10. 1.〉

②산업통상부장관은 제1항에 따라 신청을 받은 경우 현장조사가 필요하다고 인정하면 조사자의 수, 성명, 조사 일시 및 「공무원여비 규정」에 따른 여비계산서를 작성하여 신청인에게 알려야 한다. 〈개정 2008. 2. 29., 2013. 3. 23., 2025. 10. 1.〉

③신청인은 제2항의 통지를 받은 날부터 15일 이내에 여비를 내고 조사 일시에 현장에 출석하여야 한다. 이 경우 여비를 내지 아니하면 신청을 포기한 것으로 본다.

④산업통상부장관은 신청인이 제3항에 따라 여비를 내면 지체 없이 신청인의 성명과 조사 일시를 인접광구의 광업권자와 그 밖의

이해관계인에게 알려야 한다. 〈개정 2008. 2. 29., 2013. 3. 23., 2025. 10. 1.〉

제29조(광구경계측량) ①법 제33조제2항에 따라 자기 광구나 인접 광구의 경계측량을 신청하려는 자는 산업통상부령으로 정하는 신청서를 산업통상부장관에게 제출하여야 한다. 〈개정 2008. 2. 29., 2013. 3. 23., 2025. 10. 1.〉

②산업통상부장관은 제1항에 따라 신청을 받으면 법 제33조제3항에 따라 미리 지정한 측량업자중에서 1명을 선정하여 측량업자의 성명, 측량 일시 및 출석 장소를 신청인에게 알려야 한다. 이 경우 인접광구의 경계를 측정할 때에는 인접광구의 광업권자와 그 밖의 이해관계인에게도 알려야 한다. 〈개정 2008. 2. 29., 2013. 3. 23., 2025. 10. 1.〉

제30조(손실의 산정기준 등) ① 법 제34조제4항에 따른 통상 발생하는 손실은 다음 각 호의 구분에 따라 산정한다. 〈개정 2025. 10. 1.〉

1. 광업권자나 조광권자 조업 중이거나 정상적으로 생산 중에 휴업한 광산으로서 광물의 생산실적이 있는 경우: 법 제34조제4항제1호에 따라 산업통상부령으로 정하는 자가 광산의 장래 수익성을 고려하여 산정한 광산평가액에서 이전(移轉)이나 전용(轉用)이 가능한 시설의 잔존가치(殘存價値)를 뺀 금액에 이전비를 합산한 금액. 이 경우 평가된 지역 외의 지역에 해당 광산개발을 목적으로 취득한 토지·건물 등 부동산이 있는 경우에는 그 부동산에 대하여 「공익사업을 위한 토지 등의 취득 및 보상에 관한 법률」에서 정하는 보상기준을 준용하여 산정한 금액을 더한 금액으로 한다.

2. 탐사권자가 탐사를 시작하였거나 탐사실적을 인정받은 경우와 채굴권자가 채굴계획 인가를 받은 후 광물의 생산실적이 없는 광산인 경우: 해당 광산개발에 투자된 비용과 현재시설의 평가액에서 이전이나 전용이 가능한 시설의 잔존가치를 뺀 금액에 이전비를 합산한 금액

3. 탐사권자가 등록을 한 후 탐사를 시작하지 아니하였거나 채굴권자가 채굴계획 인가를 받지 아니한 경우: 등록에 든 비용

② 제1항제1호의 광산평가액과 같은 항 제2호의 현재시설의 평가액은 법 제34조제4항제1호에 따라 산업통상부령으로 정하는 자 둘 이상이 산정한 평가액을 산술평균한다. 〈개정 2025. 10. 1.〉

[전문개정 2016. 7. 6.]

제31조(국가중요건설사업지 등) 법 제34조제7항에 따른 국가중요건설사업지 또는 그 인접 지역의 구역은 국가나 지방자치단체가 건설하는 철도(지하철도를 포함한다)ㆍ산업단지ㆍ고속국도 및 댐지역과 그 인접 지역으로서 관계 기관의 장이 지정ㆍ고시하는 구역으로 한다. 〈개정 2010. 12. 28.〉

제32조(광업의 투자실적) 법 제35조제2항제3호 및 같은 항 제6호 단서에 따른 광업의 투자실적은 별표 2와 같다. 〈개정 2010. 12. 28.〉

제33조(광물의 생산실적) 법 제35조제2항제3호 및 같은 항 제6호 단서에 따른 광물의 생산실적은 별표 3과 같다. 〈개정 2010. 12. 28.〉

제34조(상속 등에 의한 변경등록신청) 다음 각 호의 어느 하나에 해당하는 자는 그 사실이 발생한 날부터 60일 이내에 산업통상부령으로 정하는 신청서에 그 사실을 증명하는 서류를 첨부하여 산업통상

부장관에게 변경등록을 신청하여야 한다. 〈개정 2008. 2. 29., 2010. 12. 28., 2013. 3. 23., 2016. 7. 6., 2025. 10. 1.〉

1. 상속이나 그 밖의 일반 승계로 인하여 광업권자나 채굴권의 저당권자가 된 자

2. 성명ㆍ명칭 또는 주소를 변경한 광업권자

제35조(공동광업권자의 탈퇴등록신청) 공동광업권자의 사망으로 인한 탈퇴의 경우 대표자가 있는 경우에는 그 대표자가, 대표자가 없는 경우에는 다른 공동광업권자가 산업통상부령으로 정하는 신청서에 그 사실을 증명하는 서류를 첨부하여 산업통상부장관에게 등록을 신청하여야 한다. 〈개정 2008. 2. 29., 2013. 3. 23., 2025. 10. 1.〉

제36조 삭제 〈2010. 12. 28.〉

제37조(탐사실적의 제출) ① 법 제41조제1항에 따라 탐사실적을 인정받으려는 자는 탐사실적의 제출기간이 끝나기 전까지, 법 제41조제2항에 따라 탐사실적 제출기간을 연장 받은 자는 그 연장기간이 끝나기 3개월 전까지 산업통상부령으로 정하는 탐사실적 인정신청서를 산업통상부장관에게 제출하여야 한다. 〈개정 2013. 3. 23., 2025. 10. 1.〉

② 법 제41조제2항 전단에서 "대통령령으로 정하는 부득이한 사유"란 다음 각 호와 같다. 〈개정 2015. 4. 7.〉

1. 법 제25조에 따라 부과된 조건을 이행함에 따라 기간이 지연된 경우. 다만, 탐사권자의 귀책사유로 기간이 지연된 경우는 제외한다.

2. 해당 탐사권과 관련하여 소송이 진행 중인 경우

3. 천재지변이나 그 밖의 불가항력으로 탐사를 시작할 수 없거나 탐사가 지연된 경우

③ 법 제41조제2항 전단에 따라 탐사실적의 제출기간을 연장받으려는 자는 제2항에 따른 부득이한 사유가 종료하거나 탐사실적을 인정받지 못한 때에는 지체 없이 산업통상부령으로 정하는 탐사실적 제출기간 연장신청서를 산업통상부장관에게 제출하여야 한다. 〈개정 2013. 3. 23., 2025. 10. 1.〉

[전문개정 2010. 12. 28.]

제38조(채굴계획의 인가 등) ① 법 제42조제1항에 따라 채굴계획 인가 또는 변경인가를 받으려는 자는 산업통상부령으로 정하는 채굴계획 인가신청서 또는 채굴계획 변경인가신청서를 산업통상부장관에게 제출하여야 한다. 〈개정 2013. 3. 23., 2025. 10. 1.〉

② 산업통상부장관은 석탄이나 석탄·흑연광에 대한 채굴계획 인가신청서 또는 채굴계획 변경인가신청서를 받은 경우에는 「석탄산업법」 제3조에 따라 산업통상부장관이 따로 수립하는 석탄산업의 장기계획을 고려하여 그 인가 여부를 결정하여야 한다. 〈개정 2013. 3. 23., 2025. 10. 1.〉

③ 법 제42조제3항에서 "대통령령으로 정하는 부득이한 사유"란 다음 각 호와 같다. 〈개정 2015. 4. 7.〉

1. 법 제25조에 따라 부과된 조건을 이행함에 따라 기간이 지연된 경우. 다만, 채굴권자의 귀책사유로 기간이 지연된 경우는 제외한다.

2. 해당 채굴권과 관련하여 소송이 진행 중인 경우

3. 천재지변이나 그 밖의 불가항력으로 채굴을 시작할 수 없는 경우

④ 법 제42조제3항에 따라 채굴계획 인가의 신청기간을 연장받으려는 자는 제3항에 따른 부득이한 사유가 종료하거나 채굴계획이 인가를 받지 못한 때에는 지체 없이 산업통상부령으로 정하는 채굴계획 인가신청기간 연장신청서를 산업통상부장관에게 제출하여야 한다. 〈개정 2013. 3. 23., 2025. 10. 1.〉

⑤ 산업통상부장관이 법 제42조제5항에 따라 채굴계획의 변경을 명하려면 30일 이상의 기간을 정하여 명하여야 한다. 〈개정 2013. 3. 23., 2025. 10. 1.〉

[전문개정 2010. 12. 28.]

제39조(채굴의 중단신청 등) ① 법 제42조의2제2항에 따라 채굴을 중단하려는 자는 채굴의 중단기간과 그 사유를 적은 채굴중단 인가신청서를 산업통상부장관에게 제출하여야 한다. 〈개정 2013. 3. 23., 2025. 10. 1.〉

② 산업통상부장관은 다음 각 호의 어느 하나에 해당하는 경우에는 법 제42조의2제2항에 따른 채굴의 중단을 인가할 수 있다. 〈개정 2013. 3. 23., 2015. 4. 7., 2025. 10. 1.〉

1. 채굴의 중단인가 신청일부터 소급한 3년간 광업의 투자실적이 별표 2에 따른 광업의 투자실적 이상인 경우

2. 채굴의 중단인가 신청일부터 소급한 3년간 광물의 생산실적이 별표 3에 따른 광물의 생산실적 이상인 경우

3. 해당 채굴권과 관련하여 소송이 진행 중인 경우

4. 천재지변이나 그 밖의 불가항력으로 인하여 채굴을 계속할 수 없는 경우

③ 법 제42조의2제2항에 따른 채굴의 중단기간은 6년을 넘을 수 없다. 〈개정 2015. 4. 7.〉

[전문개정 2010. 12. 28.]

제40조(지도 · 점검) ① 산업통상부장관은 다음 각 호의 어느 하나에 해당하는 경우에는 법 제45조에 따라 채굴권자에 대하여 채굴행위에 대한 지도 · 점검을 할 수 있다. 〈개정 2016. 7. 6., 2025. 10. 1.〉

1. 광물생산량에 급격한 변동이 생긴 경우

2. 광업 관련 민원이 발생한 경우

3. 그 밖에 채굴계획에 따른 채굴행위를 하는지에 대하여 지도 · 점검이 필요하다고 산업통상부장관이 인정하는 경우

② 제1항에 따라 지도 · 점검을 하는 공무원은 그 권한을 나타내는 증표를 지니고 이를 관계인에게 내보여야 한다.

[전문개정 2010. 12. 28.]

제3장 조광권

제41조(조광권의 존속기간 및 연장인가) ①법 제49조제1항 단서에 따라 채굴권자와 조광권자가 되려는 자가 협의하여 조광권의 존속기간을 정하는 경우 그 존속기간은 산업통상부장관이 정하는 범위에서 해당 광물의 채굴과 취득에 지장이 없는 기간으로 하여야 한다. 조

광권의 존속기간을 연장할 경우에도 또한 같다. 〈개정 2008. 2. 29., 2010. 12. 28., 2013. 3. 23., 2025. 10. 1.〉

②법 제49조제2항에 따라 채굴권자와 조광권자가 조광권 존속기간의 연장인가를 받으려면 그 존속기간이 끝나기 1년 전부터 3개월 전까지의 기간에 산업통상부령으로 정하는 신청서를 산업통상부장관에게 제출하여야 한다. 〈개정 2008. 2. 29., 2010. 12. 28., 2013. 3. 23., 2015. 4. 7., 2025. 10. 1.〉

③산업통상부장관은 석탄이나 석탄·흑연광에 대한 조광권 존속기간의 연장인가신청을 받으면 「석탄산업법」 제3조에 따라 산업통상부장관이 따로 수립하는 석탄산업의 장기계획을 고려하여 그 인가 여부를 결정하여야 한다. 〈개정 2008. 2. 29., 2013. 3. 23., 2025. 10. 1.〉

④산업통상부장관이 제2항과 제3항에 따라 조광권 존속기간의 연장인가신청을 받은 경우 그 조광권자가 「광산안전법」 제5조에 따른 의무를 이행하지 아니한 경우에는 인가를 하여서는 아니 된다. 〈개정 2008. 2. 29., 2013. 3. 23., 2017. 1. 6., 2025. 10. 1.〉

제42조(특정광상) ①법 제50조제1항 단서에 따른 특정광상(特定鑛床)은 배수수준(排水水準) 상부재채굴지역의 광상 또는 주가행광상(主稼行鑛床 : 주로 채굴 대상이 되는 광상)과 분리되거나 단층 등으로 인하여 따로 개발하는 것이 경제적이고 합리적이라고 인정되는 광상을 말한다.

②제1항의 특정광상의 기준 및 조사 방법에 관하여 필요한 사항은 산업통상부장관이 정한다. 〈개정 2008. 2. 29., 2013. 3. 23.,

2025. 10. 1.〉

제43조(조광구의 최소면적) 법 제51조제2항 단서(법 제31조제1항의 경우는 제외한다)에 따라 조광권을 설정하려는 경우에는 1개 조광구의 최소 면적은 50헥타르로 한다. 이 경우 지표 경계선의 직하(直下)를 구분하여 조광권을 설정하려는 경우에는 광산의 보안 및 종합개발에 지장이 없는 범위에서 조광구를 설정하여야 한다.

[전문개정 2010. 12. 28.]

제44조(조광권의 설정신청) 법 제52조제1항에 따라 조광권의 설정인가를 받으려는 자는 산업통상부령으로 정하는 조광권설정인가신청서(전자문서로 된 신청서를 포함한다)에 다음 각 호의 서류(전자문서를 포함한다)를 첨부하여 산업통상부장관에게 제출하여야 한다. 다만, 제2호와 제3호의 서류는 제42조에 따른 특정광상의 경우에만 첨부한다. 이 경우 산업통상부장관은 「전자정부법」 제36조제1항에 따른 행정정보의 공동이용을 통하여 신청인의 법인등기부 등본(법인인 경우만을 말한다)을 확인하여야 한다. 〈개정 2008. 2. 29., 2009. 12. 31., 2010. 5. 4., 2013. 3. 23., 2025. 10. 1.〉

1. 조광권설정계약서
2. 개발계획서
3. 조광권설정구역 광상의 평면도 및 단면도
4. 주민등록증 등 공공기관이 발행한 본인 및 주소 확인이 가능한 신분증 사본
5. 삭제 〈2015. 4. 7.〉
6. 산업통상부장관이 정하는 재무능력이 있음을 증명하는 서류

제45조(조광권설정인가 등의 통지) 산업통상부장관이 조광권설정인가를 한 경우에는 제21조를 준용한다. 〈개정 2008. 2. 29., 2013. 3. 23., 2025. 10. 1.〉

제46조(조광료율 등) 법 제51조제3항에 따른 조광료의 요율과 지급시기 및 지급방법은 채굴권자와 조광권자 사이의 계약에 따른다. 다만, 석탄 및 석회석(백운석 및 규회석을 포함한다)의 조광료의 요율은 해당 조광구에서 생산된 광산물 생산액의 5퍼센트를 넘을 수 없다. 〈개정 2010. 12. 28.〉

제47조(조광권의 소멸신청) ①채굴권자가 법 제56조제1항에 따라 조광권의 소멸신청을 하려면 산업통상부령으로 정하는 조광권소멸신청서에 다음 각 호의 서류를 첨부하여 산업통상부장관에게 제출하여야 한다. 〈개정 2008. 2. 29., 2010. 12. 28., 2013. 3. 23., 2025. 10. 1.〉

1. 조광권설정계약서
2. 의무이행최고서

②산업통상부장관은 제1항에 따라 조광권의 소멸신청을 받으면 조광권자의 의견을 들어야 한다. 〈개정 2008. 2. 29., 2013. 3. 23., 2025. 10. 1.〉

제48조 삭제 〈2010. 12. 28.〉

제49조(준용) 조광권 및 조광권자에 관하여는 제13조부터 제16조까지, 제20조제2항, 제25조부터 제30조까지, 제34조, 제35조, 제38조, 제39조 및 제40조를 준용한다. 이 경우에 “광업권” 또는 “채굴권”을 “조광권”으로, “광업권자”를 “조광권자”로 본다. 〈개정 2010.

12. 28.〉

제4장 토지의 사용과 수용

제50조(토지출입 등의 신청) ①법 제67조제1항에 따라 타인의 토지에 들어가 측량 또는 조사를 하려는 자는 토지의 지목(地目), 지번, 측량 또는 조사의 범위와 목적을 적은 신청서를 산업통상부장관에게 제출하여야 한다. 〈개정 2008. 2. 29., 2013. 3. 23., 2025. 10. 1.〉

②측량 또는 조사를 위하여 장애물의 제거가 필요한 경우에는 장애물의 종류·명칭·소재지, 소유자 또는 점유자의 성명 및 예정가격을 적은 신청서를 제출하여야 한다.

③산업통상부장관은 제1항이나 제2항의 신청을 받은 경우에는 토지나 장애물의 소유자 또는 점유자에게 알리고, 적당한 기간을 정하여 의견서의 제출을 요구할 수 있다. 〈개정 2008. 2. 29., 2013. 3. 23., 2025. 10. 1.〉

④산업통상부장관은 제3항에 따른 의견서의 제출이 없을 때에는 신청서만으로 허가를 할 수 있다. 〈개정 2008. 2. 29., 2013. 3. 23., 2025. 10. 1.〉

제51조(출입 등의 통지) 법 제67조제1항에 따라 허가를 받은 자가 같은 조 제3항에 따른 통지를 할 때에는 그 허가 사실을 증명하는 서류를 첨부하여 알려야 한다.

제52조(증명서의 휴대 및 제시) 법 제67조제1항에 따라 타인의 토지에 들어가거나 장애물을 제거하려는 경우에는 산업통상부장관의

허가를 받은 것을 증명하는 서류를 휴대하고 토지의 소유자와 점유자 또는 장애물의 소유자에게 제시하여야 한다. 〈개정 2008. 2. 29., 2013. 3. 23., 2025. 10. 1.〉

제53조(토지 사용의 인정신청) 법 제72조에 따라 토지의 사용 또는 수용의 인정을 받으려는 자는 산업통상부령으로 정하는 사업인정신청서(전자문서로 된 신청서를 포함한다)에 다음 각 호의 서류(전자문서를 포함한다)를 첨부하여 산업통상부장관에게 제출하여야 한다. 이 경우 산업통상부장관은 「전자정부법」 제36조제1항에 따른 행정정보의 공동이용을 통하여 그 토지등기부 등본(미등기토지인 경우 토지대장등본)을 확인하여야 한다. 〈개정 2008. 2. 29., 2009. 12. 31., 2010. 5. 4., 2013. 3. 23., 2025. 10. 1.〉

1. 광업원부등본
2. 광산개발계획서
3. 개발예정지를 표시한 광구도
4. 광산개발예정지 내에 「공익사업을 위한 토지 등의 취득 및 보상에 관한 법률」 제19조제2항에 따른 토지가 있을 때에는 그 토지에 관한 조서·도면 및 그 토지 관리자의 의견서
5. 광산개발예정지 내에 있는 토지의 이용이 법령에 따라 제한된 경우에는 그 법령의 시행에 관하여 권한이 있는 행정기관의 의견서
6. 토지소유자나 관계인과의 협의 내용을 적은 서류

제54조(의견 청취 등) 산업통상부장관은 제53조에 따라 신청을 받으면 토지소유자와 토지에 관한 권리를 가진 자에게 그 사실을 알리고 상당한 기간을 정하여 의견서의 제출을 요구하여야 한다. 〈개

정 2008. 2. 29., 2013. 3. 23., 2025. 10. 1.〉

제55조(사업인정의 고시) 산업통상부장관이 법 제72조제1항에 따라 토지의 사용 또는 수용을 인정한 경우에는 지체 없이 그 사실을 신청인, 토지소유자와 이해관계인에게 알리고 다음 각 호의 사항을 관보에 고시하여야 한다. 〈개정 2008. 2. 29., 2013. 3. 23., 2025. 10. 1.〉

1. 토지를 사용하거나 수용하려는 자의 성명이나 명칭 및 주소
2. 사업의 종류 및 목적
3. 사용하거나 수용할 토지의 세목

제56조(권리취득 등의 신고) 광업권자나 조광권자는 법 제72조제3항에 따른 신고를 하는 경우에는 토지의 지목·지번 및 면적, 소유자의 성명이나 명칭과 주소, 사용 목적, 시기, 기간과 보상 내용을 적은 서류를 제출하여야 한다.

제5장 감독 및 지원

제57조(광업사무소 등의 신고) ①채굴권자나 조광권자는 법 제42조(법 제61조에 따라 준용되는 경우를 포함한다)에 따라 채굴계획의 인가를 받은 경우에는 지체 없이 광구 소재지 또는 그 부근에 광업사무소를 정하고, 광업사무소의 소재지와 명칭을 산업통상부장관에게 신고하여야 한다. 이를 변경한 경우에도 또한 같다. 〈개정 2008. 2. 29., 2010. 12. 28., 2013. 3. 23., 2025. 10. 1.〉

②제1항의 광업사무소의 명칭은 광산명으로 본다.

③산업통상부장관은 광업사무소의 소재지나 명칭이 적당하지 아니

하다고 인정할 때에는 기간을 정하여 변경하게 할 수 있다. 〈개정 2008. 2. 29., 2013. 3. 23., 2025. 10. 1.〉

제58조(산업통상부장관이 정하는 광산단위에 의한 인가 등) 제32조, 제33조, 제38조부터 제40조까지, 제57조, 제59조부터 제62조까지의 규정에 따른 인가·보고·신고·신청·인정 또는 명령은 산업통상부장관이 정하는 광산단위로 한다. 〈개정 2008. 2. 29., 2010. 12. 28., 2013. 3. 23., 2025. 10. 1.〉

[제목개정 2008. 2. 29., 2013. 3. 23., 2025. 10. 1.]

제59조(광물 생산 보고서) 법 제83조에 따라 채굴권자나 조광권자는 매월의 광물 생산 보고서를 다음 달 20일까지 산업통상부장관에게 제출하여야 한다. 〈개정 2008. 2. 29., 2010. 12. 28., 2013. 3. 23., 2025. 10. 1.〉

[제목개정 2010. 12. 28.]

제60조(갱내 실측도 등의 작성·비치) ①법 제84조에 따라 채굴권자나 조광권자는 매 분기별로 갱내 실측도(實測圖)와 광업부(鑛業簿)를 작성하여 갖추어 두어야 한다. 이 경우 광업부는 제59조에 따른 광물 생산 보고서로 갈음할 수 있다. 〈개정 2010. 12. 28., 2016. 7. 6.〉

② 법 제84조에 따라 채굴권자나 조광권자는 갱내 실측도와 광업부를 매 연도의 12월에 작성하여 그 부본(副本)을 다음 해 1월 20일까지 산업통상부장관에게 제출하여야 한다. 다만, 제1항 후단에 따라 광업부를 광물 생산 보고서로 갈음하는 경우에는 광업부의 부본은 제출하지 아니한다. 〈개정 2016. 7. 6., 2025. 10. 1.〉

제61조(광업 기본계획) ① 산업통상부장관은 법 제85조에 따른 광

업에 대한 기본계획을 5년마다 수립하여야 한다. 〈신설 2010. 12. 28., 2013. 3. 23., 2025. 10. 1.〉

②제1항에 따른 광업에 대한 기본계획에는 다음 각 호의 사항이 포함되어야 한다. 〈개정 2010. 12. 28.〉

1. 산업원료광물 공급의 기본방향

2. 광물의 종류별 개발 계획 및 생산·수급계획에 관한 사항

3. 채굴권과 조광권의 매매·중개, 그 밖에 유통구조에 관한 사항

4. 탐사 사업에 관한 사항

5. 광업시설에 관한 사항

6. 광산물의 매매·중개·수출입·비축, 그 밖에 유통구조와 가공도 향상에 관한 사항

7. 광산 보안 대책에 관한 사항

8. 전략광물의 지정과 확보에 관한 사항

9. 광업 기술인력 양성 및 광업제도 개선에 관한 사항

10. 그 밖에 필요한 사항

③법 제85조에 따른 연도별 시행계획에는 제1항의 기본계획에 따라 다음 각 호의 사항이 포함되어야 한다. 〈개정 2010. 12. 28.〉

1. 광물의 종류별 생산·수급에 관한 사항

2. 탐사 사업에 관한 사항

3. 광업 개발 지원에 관한 사항

4. 그 밖에 필요한 사항

[제목개정 2010. 12. 28.]

제62조(광업발전을 위한 지원) ① 법 제86조제1항제1호에 따른 지

원 대상 사업은 다음 각 호와 같다. 〈개정 2010. 12. 28.〉

1. 탐사 사업: 광물자원의 정밀조사, 시추 및 굴진(掘進) 사업

2. 개발 사업: 광산을 육성하기 위한 채굴장비 등 광산현대화 개발, 유망광산(有望鑛山) 재평가 · 개발을 위한 자원개발투자조사, 광물자원의 탐사 및 개발에 필요한 광업시설투자 사업

3. 가공 사업: 광산물의 가공기술 향상을 위한 지원 및 광산물 가공을 위한 시설투자 사업

4. 유통 사업: 광산물과 1차 가공품에 대한 유통 및 광산물의 품질규격화 · 유통시스템구축 사업

5. 비축 사업: 광산물 수급의 불균형으로 인한 위기상황에 대처하기 위한 광산물의 구매 · 보관 · 방출과 관련한 사업

② 삭제 〈2010. 12. 28.〉

③법 제86조제1항제3호의 광해(鑛害) 방지 및 복구 사업은 다음과 같다.

1. 폐석(廢石) 유실 방지 사업

2. 폐수정화 사업

3. 비산(飛散)먼지 방지 사업

4. 지반 침하 방지 사업

5. 출수피해 방지 사업

6. 폐시설물 철거 사업

7. 훼손지 원상복구(산림복구를 포함한다) 사업

④법 제86조제1항제4호의 국가 지질 또는 광물 자원의 조사 사업 및 광물자원 관련 기술 개발사업은 다음과 같다. 〈개정 2010. 12. 28.〉

1. 지질 조사 사업

2. 광물자원의 조사 사업

3. 광물자원 관련 기술 개발 사업

4. 광업통계 작성 사업

5. 광산물의 수급에 관한 분석 및 조사 사업

⑤산업통상부장관은 광업 개발을 촉진하기 위하여 예산의 범위에서 광산종업원의 후생복지사업 및 자원 관련 기술 개발 사업을 지원할 수 있다. 〈개정 2008. 2. 29., 2013. 3. 23., 2025. 10. 1.〉

⑥법 제86조에 따른 보조와 융자에 필요한 사항은 산업통상부장관이 정한다. 〈개정 2008. 2. 29., 2013. 3. 23., 2025. 10. 1.〉

[제목개정 2010. 12. 28.]

제62조의2(국가광물정보센터의 업무) ① 법 제86조의2제1항에 따른 국가광물정보센터(이하 "국가광물정보센터"라 한다)는 다음 각 호의 업무를 수행한다. 〈개정 2025. 10. 1.〉

1. 중요 광물자원의 탐사 시 확보된 암추(岩錐) 등 지질·광물 정보의 수집·보관·관리, 분석·가공 및 활용 등에 관한 계획의 수립·시행

2. 암추 등 지질·광물 정보의 수집·보관·관리

3. 암추 등 지질·광물 정보의 분석·가공

4. 광물자원 및 지질에 대한 전자정보시스템의 구축·운영

5. 지질·광물 정보 등의 교류를 위한 국제협력

6. 지질·광물 정보 등에 관한 교육·홍보 및 정보 제공

7. 그 밖에 지질·광물 정보의 활용을 통한 광물자원 개발 촉진을

위해 산업통상부장관이 필요하다고 인정하는 업무

② 산업통상부장관은 법 제86조의2제2항에 따라 국가광물정보센터의 설치·운영에 관한 업무를 「한국광해광업공단법」에 따른 한국광해광업공단에 위탁한다. 〈개정 2025. 10. 1.〉

[본조신설 2025. 3. 18.]

제6장 광업조정위원회

제63조(위원회의 구성) ①법 제92조에 따른 광업조정위원회(이하 "위원회"라 한다)는 위원장 1명과 10명 이내의 위원으로 구성한다.

②위원장은 산업통상부의 고위공무원단에 속하는 일반직공무원이나 별정직공무원 중 관련 업무를 담당하는 자로서 산업통상부장관이 지명하는 자로 하고, 위원은 관계 부처의 3급 이상 공무원과 광업에 관하여 학식과 경험이 풍부한 자 중에서 산업통상부장관이 위촉하는 자로 한다. 〈개정 2008. 2. 29., 2013. 3. 23., 2025. 10. 1.〉

제63조의2(위원의 해촉) 산업통상부장관은 제63조제2항에 따른 위원회의 위원이 다음 각 호의 어느 하나에 해당하는 경우에는 해당 위원을 해촉(解囑)할 수 있다. 〈개정 2025. 10. 1.〉

1. 심신장애로 인하여 직무를 수행할 수 없게 된 경우

2. 직무와 관련된 비위사실이 있는 경우

3. 직무태만, 품위손상이나 그 밖의 사유로 인하여 위원으로 적합하지 아니하다고 인정되는 경우

4. 위원 스스로 직무를 수행하는 것이 곤란하다고 의사를 밝히는 경우

[본조신설 2015. 12. 10.]

제64조(위원장의 직무) ①위원장은 위원회의 사무를 총괄하고, 위원회를 대표한다.

②위원장이 불가피한 사유로 직무를 수행할 수 없을 때에는 위원장이 미리 지명한 위원이 그 직무를 대행한다.

제65조(위원회의 회의) ①위원장은 위원회의 회의를 소집하고, 그 의장이 된다.

②위원장이 회의를 소집하려면 회의 개최 5일 전까지 회의의 일시·장소 및 회의 안건을 각 위원에게 서면으로 알려야 한다. 다만, 긴급한 경우에는 그러하지 아니하다.

③회의는 위원장을 포함한 재적위원 과반수의 출석과 출석위원 과반수의 찬성으로 의결한다.

④간사는 회의에 참석하여 발언할 수 있다.

⑤간사는 회의록과 의결서를 작성하며, 위원장과 출석위원은 이에 기명날인하여야 한다.

제66조(간사와 서기) ①위원회에 간사 1명과 서기 몇 명을 둔다.

②간사와 서기는 산업통상부 소속 직원 중에서 산업통상부장관이 임명한다. 〈개정 2008. 2. 29., 2013. 3. 23., 2025. 10. 1.〉

③간사는 위원장의 명을 받아 위원회의 서무를 처리하고, 서기는 간사를 보좌한다.

제67조(수당 등) ①위원회에 출석한 위원에게는 예산의 범위에서 수당과 여비를 지급할 수 있다. 다만, 공무원이 그 소관 업무와 직접 관련하여 출석하는 경우에는 그러하지 아니하다. 〈개정 2010. 12. 28.〉

②위원회의 운영에 관하여 이 영에 규정된 것 외에 필요한 사항은 위원회의 의결을 거쳐 위원장이 정한다.

제7장 보칙

제68조(광업에 관한 명령 등의 송달) 광업에 관한 명령이나 통지를 송달하는 경우에 송달을 받을 당사자의 주소가 분명하지 아니하면 그 명령 또는 통지 내용의 전문을 관보나 일간신문에 게재하여야 한다. 이 경우 관보나 일간신문의 게재일부터 2주일(섬 지역은 20일)이 지난 날에 그 명령이나 통지가 송달받을 당사자에게 도달한 것으로 본다.

제69조(출석 요구) ①산업통상부장관은 제37조제1항에 따른 탐사실적 인정신청서나 제38조제1항에 따른 채굴계획 인가신청서 또는 채굴계획 변경인가신청서를 받은 경우에 필요하다고 인정하면 그 신청인이나 이해관계인을 출석하게 할 수 있다. 〈개정 2008. 2. 29., 2010. 12. 28., 2013. 3. 23., 2025. 10. 1.〉

②산업통상부장관이 제1항에 따라 신청인이나 이해관계인을 출석하게 하려는 경우에는 미리 출석일시와 출석 장소를 정하여 당사자에게 알려야 한다. 〈개정 2008. 2. 29., 2013. 3. 23., 2025. 10. 1.〉

③산업통상부장관은 신청인이나 이해관계인이 제1항과 제2항에 따른 출석 요구를 받고 두 번 이상 출석하지 아니한 경우에는 그 신청을 각하할 수 있다. 〈개정 2008. 2. 29., 2013. 3. 23., 2025. 10. 1.〉

제70조(신고서 등의 불수리) 산업통상부장관은 다음 각 호의 어느

하나에 해당하는 신고서나 신청서는 수리하지 아니한다. 다만, 제6호의 경우 주소변경신청서에 찍힌 도장이 이미 제출된 신청서 등에 찍힌 것과 다르더라도 첨부서류에 의하여 주소 변경 사항이 인정될 때에는 예외로 한다. 〈개정 2008. 2. 29., 2010. 12. 28., 2013. 3. 23., 2016. 7. 6., 2025. 10. 1.〉

1. 법 제40조에 따른 기간이 지난 후에 제출된 탐사계획신고서

1의2. 제4조제2항의 기간이 지난 후에 제출된 채굴권 존속기간의 연장허가신청서

2. 제17조제1항에 따른 공동광업출원인의 결의서 또는 이를 갈음할 수 있는 서류가 첨부되지 아니한 신청서

3. 제20조제3항에 따른 공동광업출원인 전원의 연서 날인이 되지 아니한 대표자 등의 탈퇴신고서

3의2. 제20조제4항을 위반하여 제출된 명의변경신고서

4. 제25조제1항에 따른 승낙서 또는 결정서의 등본이 첨부되지 아니한 굴진증구출원서

5. 제37조에 따른 기간이 지난 후에 제출된 탐사실적 인정신청서나 탐사실적 제출기간 연장신청서

6. 이미 제출된 신고서나 신청서에 찍힌 도장이나 성명 또는 명칭·주소·광업지적번호 또는 광종명과 다른 신고서 또는 신청서

7. 정하여진 수수료를 내지 아니한 신고서 또는 신청서

제71조(권한의 위임) ①법 제96조에 따라 산업통상부장관의 권한 중 다음 각 호의 권한은 특별시장·광역시장·도지사 또는 특별자치도지사에게 위임한다. 〈개정 2008. 2. 29., 2010. 12. 28., 2013.

3. 23., 2025. 10. 1.〉

1. 법 제42조제1항ㆍ제3항 및 제5항(법 제61조에서 준용하는 경우를 포함한다)에 따른 채굴계획 인가, 변경인가, 채굴계획 인가의 신청 기간 연장 및 채굴계획의 변경명령

2. 법 제42조의2(법 제61조에서 준용하는 경우를 포함한다)에 따른 채굴의 중단인가 및 채굴재개신고 수리

3. 법 제45조(법 제61조에서 준용하는 경우를 포함한다)에 따른 지도ㆍ점검 및 시정명령

4. 법 제49조제2항에 따른 조광권의 존속기간 연장인가

5. 법 제52조에 따른 조광권 설정인가

6. 법 제56조에 따른 조광권의 소멸 신청의 수리 및 소멸처분

7. 법 제57조 및 법 제99조제3호에 따른 조광권의 취소 및 청문

8. 삭제 〈2010. 12. 28.〉

9. 법 제67조제1항 및 제2항에 따른 타인의 토지에의 출입 또는 장애물 제거의 허가 및 의견 청취

10. 법 제72조에 따른 토지의 수용 또는 사용의 인정ㆍ의견 청취 및 신고의 수리

11. 제57조제1항 및 제3항에 따른 광업사무소의 신고 또는 변경신고의 수리 및 소재지 위치 등의 변경명령

12. 법 제83조에 따른 광물 생산 보고서의 접수

13. 제69조에 따른 채굴계획 인가 또는 채굴계획 변경인가와 관련한 출석 요구

14. 법 제84조에 따른 갱내 실측도 및 광업부의 작성ㆍ비치의 확

인, 부본 접수

15. 법 제104조에 따른 과태료의 부과 · 징수

②법 제96조에 따라 산업통상부장관의 권한 중 다음 각 호의 권한은 광업등록사무소장에게 위임한다. 〈개정 2008. 2. 29., 2010. 12. 28., 2012. 8. 24., 2013. 3. 23., 2025. 10. 1.〉

1. 법 제12조제3항에 따른 채굴권 존속기간 연장허가

2. 법 제14조제1항 · 제2항 및 제4항에 따른 단위구역의 예외 광구의 설정 및 측점의 설치

3. 제8조에 따른 합의서의 접수

4. 법 제15조에 따른 광업권의 설정허가, 광업권설정출원서 등의 접수, 출원서류 등의 수정 또는 보완명령, 현장조사 및 광업출원인 등의 출석명령

5. 제10조에 따른 광업권 설정출원의 불수리 및 각하

6. 법 제17조(법 제30조에서 준용하는 경우를 포함한다)에 따른 대표자 신고 및 대표자 변경신고의 수리, 대표자의 지정

7. 제17조에 따른 광업권설정 출원 취하 등의 접수

8. 법 제18조에 따른 우선순위 결정

9. 법 제19조에 따른 출원의 각하

10. 법 제20조에 따른 중복 광구의 제한

11. 법 제21조에 따른 동종 광물이 중복될 때의 불허가

12. 법 제22조에 따른 이종 광물이 중복될 때의 불허가

13. 법 제24조에 따른 공익상 이유 등에 따른 불허가

14. 법 제26조에 따른 출원구역이나 광구의 증감 · 분할 · 합병출

원의 수리 등

15. 법 제27조에 따른 광업출원인의 명의 변경 신고의 수리

16. 법 제28조제1항에 따른 광업권설정 등록신청의 수리

17. 제21조에 따른 광업권설정허가의 통지 및 등록신청서 등의 보완 지시

18. 제22조에 따른 광업권설정 출원의 취하서 등의 불수리

19. 제23조에 따른 광구도의 경정, 경정 등록 및 통지

20. 법 제29조에 따른 같은 광상에 묻혀 있는 광물의 확인

21. 법 제33조에 따른 현장조사 및 경계측량

22. 법 제34조제1항·제2항 및 제5항에 따른 광업권의 취소 또는 광구의 감소처분 및 보상 금액의 전부나 일부의 부담처분과 법 제99조제1호에 따른 광업권의 취소처분 또는 광구의 감소처분에 대한 청문

23. 법 제35조 및 법 제99조제2호에 따른 광업권의 취소 및 청문

24. 제34조와 제35조에 따른 등록신청의 수리

25. 법 제36조(법 제37조에서 준용하는 경우를 포함한다)에 따른 채굴권 취소의 통지 및 기간의 지정

26. 법 제38조 및 법 제58조에 따른 광업 원부 또는 조광원부에의 등록

27. 법 제40조에 따른 탐사계획 신고 또는 변경신고의 수리

27의2. 법 제40조의2에 따른 굴진탐사의 허가

28. 법 제41조제2항 및 제3항에 따른 탐사실적 제출기간의 연장

및 채굴권설정의 허가

29. 제69조에 따른 탐사실적 인정신청과 관련한 출석 요구

③ 삭제 〈2010. 12. 28.〉

제71조의2(고유식별정보의 처리) 산업통상부장관(제71조제1항 또는 제2항에 따라 산업통상부장관의 권한을 위임받은 자를 포함한다)은 다음 각 호의 사무를 수행하기 위하여 불가피한 경우 「개인정보 보호법 시행령」 제19조제1호에 따른 주민등록번호가 포함된 자료를 처리할 수 있다. 〈개정 2012. 8. 24., 2013. 3. 23., 2025. 10. 1.〉

1. 법 제12조제3항에 따른 채굴권의 존속기간 연장 허가에 관한 사무

2. 법 제15조에 따른 광업권설정 출원의 허가에 관한 사무

3. 법 제17조에 따른 공동광업출원인 대표자 선정의 신고 또는 변경신고에 관한 사무

4. 법 제26조에 따른 광업권설정 출원구역이나 광구의 증감·분할 또는 합병(탐사권설정의 출원구역이나 광구가 포함되는 합병은 제외한다)의 출원 허가에 관한 사무

5. 법 제27조에 따른 광업출원인의 명의변경 신고에 관한 사무

6. 법 제29조에 따른 같은 광상에 묻혀 있는 광물의 추가등록에 관한 사무

7. 법 제31조에 따른 기존 갱도를 이용한 광구의 증가 출원에 관한 사무

8. 법 제32조에 따른 기존 갱도를 이용한 광구의 증가 결정에 관한 사무

9. 법 제33조에 따른 현장조사 및 광구경계측량에 관한 사무

10. 법 제40조에 따른 탐사계획 신고·변경신고에 관한 사무

10의2. 법 제40조의2에 따른 굴진탐사의 허가에 관한 사무

11. 법 제41조에 따른 탐사실적 제출 및 제출기간 연장에 관한 사무

12. 법 제42조에 따른 채굴계획 인가·변경인가 등에 관한 사무

13. 법 제42조의2에 따른 채굴 중단 인가 및 채굴 재개 신고에 관한 사무

14. 법 제49조에 따른 조광권의 존속기간 연장 인가에 관한 사무

15. 법 제52조에 따른 조광권의 설정인가에 관한 사무

16. 법 제56조에 따른 조광권의 소멸에 관한 사무

17. 법 제72조에 따른 타인의 토지 사용·수용 인정에 관한 사무

18. 법 제83조에 따른 광물 생산 보고서 제출에 관한 사무

19. 제20조제2항 후단에 따른 광업출원인의 성명(법인의 경우에는 명칭)이나 주소의 변경신고에 관한 사무

20. 제57조에 따른 광업사무소의 소재지와 명칭의 신고·변경신고에 관한 사무

[본조신설 2012. 1. 6.]

제71조의3(규제의 재검토) 산업통상부장관은 다음 각 호의 사항에 대하여 다음 각 호의 기준일을 기준으로 2년마다(매 2년이 되는 해의 기준일과 같은 날 전까지를 말한다) 그 타당성을 검토하여 개선 등의 조치를 하여야 한다. 〈개정 2016. 7. 6., 2025. 10. 1.〉

1. 제9조제2항 및 제3항에 따른 광상설명서의 제출 기한 및 작성

요건: 2015년 1월 1일

2. 제26조에 따른 굴진증구승낙 결정 신청의 제출 서류: 2015년 1월 1일

3. 제27조에 따른 기존 갱도를 이용한 증구의 결정 절차: 2015년 1월 1일

4. 제34조에 따른 상속 등에 의한 변경등록신청의 제출 서류 및 신청 기한: 2015년 1월 1일

[본조신설 2014. 12. 9.]

제72조(과태료의 부과기준) 법 제104조제4항에 따른 과태료의 부과기준은 별표 4와 같다.

[본조신설 2010. 12. 28.]

부칙 〈제20256호, 2007. 9. 10.〉

제1조 (시행일) 이 영은 공포한 날부터 시행한다.

제2조 (다른 법령의 개정) ①광산보안법시행령 일부를 다음과 같이 개정한다.

제3조 제1항 중 "광업법 제111조의2의 규정에 의한"을 "「광업법」 제97조에 따른"으로 한다.

②광업등록령 일부를 다음과 같이 개정한다.

제4조제5항 중 "광업법시행령 제27조에 규정한"을 "「광업법 시행령」 제25조에 따른"으로 한다.

제18조 중 "광업법 제33조의2제3항의 규정에 의한"을 "「광업법」 제29조제3항에 따른"으로, "광업법시행령 제26조의 규정에 의한 광

구도의 갱정등록"을 "「광업법 시행령」 제23조에 따른 광구도의 경정 등록"으로 한다.

제44 조제3항 중 "광업법 제41조의 규정에 의하여"를 "「광업법」 제36조에 따라"로 한다.

제62조제3항 중 "광업법 제40조의 규정에 의하여"를 "「광업법」 제35조에 따라"로 한다.

제68조제1항 단서 중 "광업법 제40조의 규정에 의한"을 "「광업법」 제35조에 따른"으로 한다.

③국민연금법 시행령 일부를 다음과 같이 개정한다.

제20조의2제1항제1호 중 "제4조의 규정에 의한"을 "제3조제2호에 따른"으로 한다.

④농지법 시행령 일부를 다음과 같이 개정한다.

제38조제3항제2호 중 "제3조"를 "제3조제1호"로 한다.

⑤백두대간보호에 관한 법률 시행령 일부를 다음과 같이 개정한다.

제8조제3항제1호 및 제2호 중 "제3조의 규정에 의한"을 각각 "제3조제1호에 따른"으로 한다.

⑥자연환경보전법 시행령 일부를 다음과 같이 개정한다.

제3조제3호 중 "제101조의 규정"을 "제85조"로 한다.

⑦지방세법 시행령 일부를 다음과 같이 개정한다.

제216조제3호 단서 중 "제5조의 규정에 의한"을 "제3조제3호에 따른"으로 한다.

⑧지하수법 시행령 일부를 다음과 같이 개정한다.

제14조의3제2항제1호 중 "제37조제1항의 규정에 의한"을 "제36

조제1항에 따른"으로 한다.

⑨해양생태계의 보전 및 관리에 관한 법률 시행령 일부를 다음과 같이 개정한다.

제2조제3호 중 "제101조"를 "제85조"로 한다.

⑩행정권한의 위임 및 위탁에 관한 규정 일부를 다음과 같이 개정한다.

제29조제2항제22호 중 "제47조의2의 규정에 의한"을 "제43조에 따른"으로 한다.

제3조 (다른 법령과의 관계) 이 영 시행 당시 다른 법령에서 종전의 「광업법시행령」 또는 그 규정을 인용한 경우에 이 영 가운데 그에 해당하는 규정이 있으면 종전의 규정을 갈음하여 이 영 또는 이 영의 해당 규정을 인용한 것으로 본다.

부칙 〈제20678호, 2008. 2. 29.〉 (지식경제부와 그 소속기관 직제)

제1조(시행일) 이 영은 공포한 날부터 시행한다. 〈단서 생략〉

제2조 부터 제6조까지 생략

제7조(다른 법령의 개정) ① 부터 ⑤ 까지 생략

⑥ 광업법 시행령 일부를 다음과 같이 개정한다.

제3조, 제4조제1항 각 호 외의 부분·제3항 전단·제4항, 제5조제2항, 제8조, 제9조제1항·제3항제1호 및 제5호·제4항·제5항, 제10조제1항 각 호 외의 부분·제2항, 제11조제1항제1호·제2항, 제14조, 제15조, 제17조제1항·제3항, 제18조제1항·제2항·제3항,

제19조제1항, 제20조제1항 · 제2항 전단, 제21조제1항 · 제2항 · 제3항, 제22조, 제23조, 제24조제1항 · 제2항 본문, 제25조제1항, 제26조 각 호 외의 부분 본문, 제27조제1항 · 제2항 · 제4항, 제28조제1항 · 제2항 · 제4항, 제29조제1항 · 제2항 전단, 제34조 각 호 외의 부분, 제35조, 제37조제2항 각 호 외의 부분 · 제3항 각 호 외의 부분 및 제1호, 제38조제1항 · 제2항 · 제3항 · 제5항, 제39조, 제40조제1항 · 제2항 · 제3항, 제41조제1항 · 제2항 · 제3항 · 제4항, 제42조제2항, 제44조 각 호 외의 부분 본문 및 제6호, 제45조, 제47조제1항 각 호 외의 부분 · 제2항, 제48조제1항 · 제2항 · 제3항 단서, 제50조제1항 · 제3항 · 제4항, 제52조, 제53조 각 호 외의 부분 전단, 제54조, 제55조 각 호 외의 부분, 제57조제1항 전단 · 제3항, 제58조의 제목 및 제목 외의 부분, 제59조, 제60조제2항 본문, 제62조제5항 · 제6항, 제63조제2항, 제66조제2항, 제69조제1항 · 제2항 · 제3항, 제70조 각 호 외의 부분 본문, 제71조제1항 각 호 외의 부분 · 제2항 각 호 외의 부분 · 제3항 각 호 외의 부분, 제72조제1항 · 제2항 전단 · 제3항 중 "산업자원부장관"을 각각 "지식경제부장관"으로 한다.

제5조제3항, 제9조제1항, 제19조제1항, 제24조제1항, 제25조제1항, 제28조제1항, 제29조제1항, 제30조, 제34조 각 호 외의 부분, 제35조, 제38조제1항 · 제5항, 제39조, 제40조제1항, 제41조제2항, 제44조 각 호 외의 부분 본문, 제47조제1항 각 호 외의 부분, 제48조제3항, 제53조 각 호 외의 부분 전단, 제72조제4항 중 "산업자원부령"을 각각 "지식경제부령"으로 한다.

第63조제2항 및 제66조제2항 중 "산업자원부"를 각각 "지식경제부"로 한다.

⑦ 부터 〈86〉 까지 생략

부칙 〈제21214호, 2008. 12. 31.〉 (행정안전부와 그 소속기관 직제)

제1조(시행일) 이 영은 공포한 날부터 시행한다. 〈단서 생략〉

제2조 부터 제4조까지 생략

제5조(다른 법령의 개정) ① 부터 〈109〉 까지 생략

〈110〉 광업법 시행령 일부를 다음과 같이 개정한다.

별표 1 비고란 및 별표 2 비고란 중 "산업자원부장관"을 각각 "지식경제부장관"으로 한다.

〈111〉 부터 〈175〉 까지 생략

부칙 〈제21951호, 2009. 12. 31.〉

이 영은 공포 후 3개월이 경과한 날부터 시행한다.

부칙 〈제22151호, 2010. 5. 4.〉 (전자정부법 시행령)

제1조(시행일) 이 영은 2010년 5월 5일부터 시행한다.

제2조 및 제3조 생략

제4조(다른 법령의 개정) ① 부터 ㉖ 까지 생략

㉗ 광업법 시행령 일부를 다음과 같이 개정한다.

제44조 각 호 외의 부분 후단 및 제53조 각 호 외의 부분 후단

중 "「전자정부법」 제21조제1항"을 각각 "「전자정부법」 제36조제1항"으로 한다.

㉘ 부터 〈192〉 까지 생략

부칙 〈제22395호, 2010. 9. 20.〉 (지방세법 시행령)

제1조(시행일) 이 영은 2011년 1월 1일부터 시행한다.

제2조 부터 제7조까지 생략

제8조(다른 법령의 개정) ①부터 ⑤까지 생략

⑥ 광업법 시행령 일부를 다음과 같이 개정한다.

제4조제4항 중 "등록세"를 "등록에 대한 등록면허세"로 한다.

⑦부터 ㉟까지 생략

제9조 생략

부칙 〈제22556호, 2010. 12. 28.〉

제1조(시행일) 이 영은 2011년 1월 28일부터 시행한다.

제2조(조광료율에 관한 적용례) 제46조의 개정규정은 이 영 시행 후 최초로 체결하는 조광권설정계약부터 적용한다.

제3조(다른 법령의 개정) ① 광산보안법 시행령 일부를 다음과 같이 개정한다.

제16조의 제목 "(계획채광)"을 "(계획채굴)"로 하고, 같은 조 제1항 중 "광업권자"를 "채굴권자"로, "채광"을 "채굴"로 하며, 같은 조 제2항 중 "광업권자"를 "채굴권자"로, "채광계획도"를 각각 "채굴계획도"로 하고, 같은 조 제3항 중 "광업권자"를 "채굴권자"로 한다.

제19조 중 “광업권자”를 “채굴권자”로, “채광”을 “채굴”로 한다.

② 산지관리법 시행령 일부를 다음과 같이 개정한다.

제10조제4항 중 “굴진채광((掘進採鑛)”을 “굴진채굴(掘進採掘)”로 한다.

제19조제2항제1호 전단 중 “채광”을 “채굴”로 하고, 같은 호 후단 중 “광업권”을 “채굴권”으로 한다.

③ 석탄산업법 시행령 일부를 다음과 같이 개정한다.

제42조의3제2항 중 “광업권등”을 “채굴권”으로 한다.

④ 자연환경보전법 시행령 일부를 다음과 같이 개정한다.

제36조 중 “노천탐광”을 각각 “노천탐사”로, “채광계획”을 각각 “채굴계획”으로 한다.

⑤ 지하수법 시행령 일부를 다음과 같이 개정한다.

제14조의3제2항제1호를 다음과 같이 한다.

1. 「광업법」 제3조제2호에 따른 탐사

⑥ 환경개선비용 부담법 시행령 일부를 다음과 같이 개정한다.

제4조제1항제3호 중 “채광계획”을 “채굴계획”으로, “채굴 · 취득”을 “채굴”로 한다.

부칙 〈제23488호, 2012. 1. 6.〉 (민감정보 및 고유식별정보 처리 근거 마련을 위한 과세자료의 제출 및 관리에 관한 법률 시행령 등 일부개정령)

제1조(시행일) 이 영은 공포한 날부터 시행한다. 〈단서 생략〉

제2조 생략

부칙 〈제24072호, 2012. 8. 24.〉

이 영은 공포한 날부터 시행한다.

부칙 〈제24442호, 2013. 3. 23.〉 (산업통상자원부와 그 소속기관 직제)

제1조(시행일) 이 영은 공포한 날부터 시행한다. 〈단서 생략〉

제2조 부터 제11조까지 생략

제12조(다른 법령의 개정) ①부터 ⑦까지 생략

⑧ 광업법 시행령 일부를 다음과 같이 개정한다.

제4조제1항 각 호 외의 부분, 같은 조 제3항 전단, 같은 조 제4항, 제5조제2항, 제8조, 제9조제1항, 같은 조 제3항제1호 · 제5호, 같은 조 제4항 · 제5항, 제10조제1항 각 호 외의 부분, 같은 조 제2항 본문, 제11조제1항제1호, 같은 조 제2항, 제14조, 제15조, 제17조제1항 · 제3항, 제18조제1항부터 제3항까지, 제19조제1항, 제20조제1항, 같은 조 제2항 전단, 제21조제1항부터 제3항까지, 제22조, 제23조, 제24조제1항, 같은 조 제2항 본문, 제25조제1항, 제26조 각 호 외의 부분 본문, 제27조제1항 · 제2항 · 제4항, 제28조제1항 · 제2항 · 제4항, 제29조제1항, 같은 조 제2항 전단, 제34조 각 호 외의 부분, 제35조, 제37조제1항 · 제3항, 제38조제1항 · 제2항 · 제4항 · 제5항, 제39조제1항, 같은 조 제2항 각 호 외의 부분, 제41조제1항 전단, 같은 조 제2항부터 제4항까지, 제42조제2항, 제44조 각 호 외의 부분 본문 · 후단, 같은 조 제6호, 제45조, 제47조제1항 각 호 외의 부분, 같은 조 제2항, 제50조제1항 · 제3항 · 제4항, 제

52조, 제53조 각 호 외의 부분 전단·후단, 제54조, 제55조 각 호 외의 부분, 제57조제1항 전단, 같은 조 제3항, 제58조의 제목, 같은 조 제목 외의 부분, 제59조, 제60조제2항 본문, 제61조제1항, 제62조제5항·제6항, 제63조제2항, 제66조제2항, 제69조제1항부터 제3항까지, 제70조 각 호 외의 부분 본문, 제71조제1항 각 호 외의 부분, 같은 조 제2항 각 호 외의 부분, 제71조의2 각 호 외의 부분, 별표 2 비고 및 별표 3 비고 중 "지식경제부장관"을 각각 "산업통상자원부장관"으로 한다.

제5조제3항, 제9조제1항, 제19조제1항, 제24조제1항, 제25조제1항, 제28조제1항, 제29조제1항, 제30조, 제34조 각 호 외의 부분, 제35조, 제37조제1항·제3항, 제38조제1항·제4항, 제41조제2항, 제44조 각 호 외의 부분 본문, 제47조제1항 각 호 외의 부분 및 제53조 각 호 외의 부분 전단 중 "지식경제부령"을 각각 "산업통상자원부령"으로 한다.

제63조제2항 및 제66조제2항 중 "지식경제부"를 각각 "산업통상자원부"로 한다.

⑨부터 〈92〉까지 생략

부칙 〈제25840호, 2014. 12. 9.〉 (규제 재검토기한 설정 등 규제정비를 위한 건축법 시행령 등 일부개정령)

제1조(시행일) 이 영은 2015년 1월 1일부터 시행한다.

제2조 부터 제16조까지 생략

부칙 〈제26187호, 2015. 4. 7.〉

제1조(시행일) 이 영은 공포한 날부터 시행한다.

제2조(사광상 광물의 채굴권의 존속기간에 관한 경과조치) 이 영 시행 전에 등록된 사광상에 묻혀 있는 광물에 대한 채굴권(이 영 시행 이후 존속기간의 연장허가를 받는 것은 제외한다)의 존속기간에 관하여는 제3조제2항 단서의 개정규정에도 불구하고 종전의 규정에 따른다.

제3조(채굴권 존속기간 연장등록의 등록면허세 납부 및 등록신청에 관한 경과조치) 이 영 시행 전에 채굴권 존속기간의 연장허가 통지를 받은 경우의 등록면허세 납부 및 연장등록의 신청 기한에 관하여는 제4조제4항의 개정규정에도 불구하고 종전의 규정에 따른다.

제4조(사광상 광물의 채굴의 중단기간에 관한 경과조치) 이 영 시행 전에 등록된 사광상에 묻혀 있는 광물에 대한 채굴권(이 영 시행 이후 존속기간의 연장허가를 받는 것은 제외한다)의 경우 채굴의 중단기간에 관하여는 제39조제3항 단서의 개정규정에도 불구하고 종전의 규정에 따른다.

부칙 〈제26703호, 2015. 12. 10.〉 (행정기관 소속 위원회 운영의 공정성 및 책임성 강화를 위한 광업법 시행령 등 일부개정령)

이 영은 공포한 날부터 시행한다.

부칙 〈제27313호, 2016. 7. 6.〉

제1조(시행일) 이 영은 2016년 7월 7일부터 시행한다. 다만, 제70

조 및 별표 2의 개정규정은 공포한 날부터 시행한다.

제2조(광업권설정출원의 취하서 등의 불수리에 관한 경과조치) 이 영 시행 전에 광업권 설정 허가통지서를 받은 경우 광업권설정출원의 취하서, 광업출원인의 명의변경신고서, 공동광업출원인의 탈퇴신고서 또는 출원구역의 증감출원서의 불수리에 관하여는 제22조의 개정규정에도 불구하고 종전의 규정에 따른다.

부칙 〈제27767호, 2017. 1. 6.〉 (광산안전법 시행령)

제1조(시행일) 이 영은 2017년 1월 7일부터 시행한다.

제2조 및 제3조 생략

제4조(다른 법령의 개정) ① 및 ② 생략

③ 광업법 시행령 일부를 다음과 같이 개정한다.

제4조제1항제2호 중 "「광산보안법」 제15조의2에 따른 명령"을 "「광산안전법」 제15조의2에 따른 명령"으로 한다.

제41조제4항 중 "「광산보안법」 제5조에 따른 의무"를 "「광산안전법」 제5조에 따른 의무"로 한다.

별표 2 투자대상 시설·장비 등란의 제5호 중 "「광산보안법」"을 "「광산안전법」"으로, "제9조제3항제1호"를 "제5조제3항의 응급구호용품"으로 한다.

④부터 ⑩까지 생략

제5조 생략

부칙 〈제28179호, 2017. 7. 11.〉

제1조(시행일) 이 영은 공포한 날부터 시행한다.

제2조(채굴권 존속기간 연장허가 처리기간에 관한 경과조치) 이 영 시행 전에 신청된 채굴권 존속기간 연장허가에 대해서는 제4조제3항의 개정규정에도 불구하고 종전의 규정에 따른다.

부칙 〈제35167호, 2024. 12. 31.〉 (해양이용영향평가법 시행령)

제1조(시행일) 이 영은 2025년 1월 3일부터 시행한다.

제2조 생략

제3조(다른 법령의 개정) ① 및 ② 생략

③ 광업법 시행령 일부를 다음과 같이 개정한다.

별표 2 제6호나목을 다음과 같이 한다.

나. 「해양이용영향평가법」 제13조에 따른 해양이용영향평가

④부터 ⑭까지 생략

제4조 생략

부칙 〈제35389호, 2025. 3. 18.〉

이 영은 2025년 3월 21일부터 시행한다.

부칙 〈제35803호, 2025. 10. 1.〉 (산업통상부와 그 소속기관 직제)

제1조(시행일) 이 영은 공포한 날부터 시행한다. 다만, 부칙 제6조에 따라 개정되는 대통령령 중 이 영 시행 전에 공포되었으나 시행

일이 도래하지 않은 대통령령을 개정한 부분은 각각 해당 대통령령의 시행일부터 시행한다.

제2조 부터 제5조까지 생략

제6조(다른 법령의 개정) ①부터 ⑨까지 생략

⑩ 광업법 시행령 일부를 다음과 같이 개정한다.

제4조제1항, 같은 조 제3항 전단, 같은 조 제4항 · 제5항, 제5조제2항, 제8조, 제9조제1항, 같은 조 제3항제1호 · 제5호, 같은 조 제4항 · 제5항, 제10조제1항 각 호 외의 부분, 같은 조 제2항, 제11조제1항제1호, 같은 조 제2항, 제14조, 제15조, 제17조제1항 · 제3항, 제18조제1항부터 제3항까지, 제19조제1항, 제20조제1항, 같은 조 제2항 전단, 제21조제1항부터 제3항까지, 제22조, 제23조, 제24조제1항, 같은 조 제2항 본문, 제25조제1항, 제26조 각 호 외의 부분 본문, 제27조제1항 · 제2항 · 제4항, 제28조제1항 · 제2항 · 제4항, 제29조제1항, 같은 조 제2항 전단, 제34조 각 호 외의 부분, 제35조, 제37조제1항 · 제3항, 제38조제1항 · 제2항 · 제4항 · 제5항, 제39조제1항, 같은 조 제2항 각 호 외의 부분, 제40조제1항 각 호 외의 부분, 같은 항 제3호, 제41조제1항 전단, 같은 조 제2항부터 제4항까지, 제42조제2항, 제44조 각 호 외의 부분 본문 · 후단, 같은 조 제6호, 제45조, 제47조제1항 각 호 외의 부분, 같은 조 제2항, 제50조제1항 · 제3항 · 제4항, 제52조, 제53조 각 호 외의 부분 전단 · 후단, 제54조, 제55조 각 호 외의 부분, 제57조제1항 전단, 같은 조 제3항, 제58조의 제목, 같은 조 제목 외의 부분, 제59조, 제60조제2항 본문, 제61조제1항, 제62조제5항 · 제6항, 제62조의2제1항

제7호, 같은 조 제2항, 제63조제2항, 제63조의2 각 호 외의 부분, 제66조제2항, 제69조제1항부터 제3항까지, 제70조 각 호 외의 부분 본문, 제71조제1항 각 호 외의 부분, 같은 조 제2항 각 호 외의 부분, 제71조의2 각 호 외의 부분 및 제71조의3 각 호 외의 부분 중 "산업통상자원부장관"을 각각 "산업통상부장관"으로 한다.

제5조제3항, 제9조제1항, 제19조제1항, 제24조제1항, 제25조제1항, 제28조제1항, 제29조제1항, 제30조제1항제1호 전단, 같은 조 제2항, 제34조 각 호 외의 부분, 제35조, 제37조제1항·제3항, 제38조제1항·제4항, 제41조제2항, 제44조 각 호 외의 부분 본문, 제47조제1항 각 호 외의 부분 및 제53조 각 호 외의 부분 전단 중 "산업통상자원부령"을 각각 "산업통상부령"으로 한다.

제63조제2항 중 "산업통상자원부의"를 "산업통상부의"로 한다.

제66조제2항 중 "산업통상자원부 소속"을 "산업통상부 소속"으로 한다.

별표 2 비고 단서 및 별표 3 비고 중 "산업통상자원부장관"을 각각 "산업통상부장관"으로 한다.

⑪부터 〈101〉까지 생략

별표 / 서식

[별표 1] 삭제 〈2015.4.7.〉

[별표 2] 광업의 투자실적(제32조 관련)

[별표 3] 광물의 생산실적(제33조 관련)

[별표 4] 과태료의 부과기준(제72조 관련)

광업법 시행규칙

[시행 2025. 10. 1.] [산업통상부령 제1호, 2025. 10. 1., 타법개정]

**개정 예정 법률 밑줄 별도 표시.

광업법 시행규칙

[시행 2025. 10. 1.] [산업통상부령 제1호, 2025. 10. 1., 타법개정]

제1조(목적) 이 규칙은 「광업법」 및 같은 법 시행령에서 위임된 사항과 그 시행에 필요한 사항을 규정함을 목적으로 한다.

제2조(서류 등의 작성 등) ① 광업에 관한 출원·신청 또는 신고의 서류 또는 도면(이하 "서류 또는 도면"이라 한다)은 각 건마다 작성하고, 서식이 정하여져 있는 것은 그 서식에 따라야 한다.

② 관할관청에 제출한 서류·도면 또는 표본품은 반환하지 않는다. 〈개정 2022. 1. 21.〉

③ 제1항에 따라 관할관청에 제출하는 서류 중 주민등록표 초본은 관할관청이 「전자정부법」 제36조제1항에 따른 행정정보의 공동이용을 통하여 확인하여야 한다. 다만, 제출인이 확인에 동의하지 아니하는 경우에는 주민등록표 초본을 첨부하도록 하여야 한다. 〈개정 2010. 12. 29.〉

④ 제3항 단서에 따른 주민등록표 초본은 주민등록증을 제시하는 것으로 갈음할 수 있다. 다만, 병적(兵籍) 확인이 필요한 경우에는 그러하지 아니하다.

제3조(출원접수부 등) ① 관할관청이 서류 또는 도면을 접수한 경우

에는 즉시 차례대로 별지 제1호서식에 따른 출원접수부에 적어야 한다. 〈개정 2010. 12. 29.〉

② 관할관청이 서류 또는 도면을 접수한 경우에는 접수 일시를 명시한 접수증을 그 출원인에게 발급하여야 한다.

③ 산업통상부 광업등록사무소장(이하 "광업등록사무소장"이라 한다)이 광업출원서류를 접수한 경우에는 별지 제2호서식에 따른 광구 및 광업출원상황표에 그 내용을 적어야 한다. 〈개정 2008. 3. 3., 2013. 3. 23., 2016. 7. 7., 2025. 10. 1.〉

④ 제1항에 따른 출원접수부와 제3항에 따른 광구 및 광업출원상황표는 자기(磁氣)테이프 등으로 작성할 수 있다. 〈개정 2010. 12. 29., 2016. 7. 7.〉

[제목개정 2010. 12. 29.]

제4조(우편에 의한 서류 등의 제출) ① 서류 또는 도면을 우편으로 제출하려는 경우에는 배달증명으로 하여야 하며, 그 증명서를 보관하여야 한다.

② 제1항의 경우에는 우편물의 표면에 "광업출원서류"라고 표시하여야 한다.

제5조(가주소) 광업출원인이 대한민국에 거주하지 아니할 때에는 대한민국에 가주소(假住所)를 정하여 신고하여야 한다. 다만, 출원 시에는 가주소를 표시함으로써 신고를 갈음할 수 있다.

제6조(채굴권 존속기간 연장허가신청) 「광업법 시행령」(이하 "영"이라 한다) 제4조에 따른 채굴권 존속기간의 연장허가신청은 별지 제3호서식에 따라 행한다. 〈개정 2010. 12. 29.〉

[제목개정 2010. 12. 29.]

제7조(측점의 설치 방법) 영 제5조제3항에 따라 광구경계의 측점은 해당 단위구역의 각 변의 길이를 8등분(1등분의 길이를 7.5초로 한다)한 등분점의 수직선과 수평선의 교차점 중에서 광구의 면적이 최대가 되도록 설치하여야 한다.

제8조(광업권설정출원서) ① 영 제9조제1항에 따른 광업권설정출원서는 별지 제4호서식에 따른다.

② 「광업법」(이하 "법"이라 한다) 제15조제2항제3호에서 "산업통상부령으로 정하는 서류"란 다음 각 호의 서류를 말한다. 〈개정 2010. 12. 29., 2013. 3. 23., 2016. 7. 7., 2025. 10. 1.〉

1. 광량(鑛量) 보고서 1부(채굴권설정을 출원하는 경우만 해당한다)
2. 광구도 1부(채굴권설정을 출원하는 경우만 해당한다)
3. 삭제 〈2015. 5. 8.〉
4. 삭제 〈2015. 5. 8.〉
5. 법 제10조의2제1항 각 호의 어느 하나에 해당하는 경우를 증명하는 서류 1부(외국인 및 외국법인인 경우만 해당한다)

③ 제1항에 따른 출원을 받은 광업등록사무소장은 「전자정부법」 제36조제1항에 따른 행정정보의 공동이용을 통하여 다음 각 호의 서류를 확인하여야 한다. 다만, 출원인이 확인에 동의하지 아니하는 경우에는 제1호의 서류를 첨부하도록 하여야 한다. 〈개정 2010. 12. 29., 2015. 5. 8.〉

1. 개인인 경우: 주민등록표 초본 또는 외국인등록 사실증명서
2. 법인인 경우: 법인 등기사항증명서

제9조 삭제 〈2016. 7. 7.〉

제10조(공동광업출원인의 대표자 선정신고 등) ① 영 제13조에 따른 공동광업출원인의 대표자 선정신고는 별지 제6호서식에 따라 행한다.

② 영 제14조에 따른 공동광업출원인의 대표자 변경신고는 별지 제7호서식에 따라 행한다.

제11조(광업권의 설정이 제한되는 공익 침해의 사유 등) ① 법 제24조제3항에 따라 광업권설정 출원구역의 광물 채굴이 공익을 해친다고 인정되는 경우는 다음 각 호의 어느 하나와 같다. 〈개정 2010. 12. 29.〉

1. 출원구역이 법 제34조제7항 및 영 제31조에 따라 국가중요건설사업지 또는 그 인접지역으로 지정·고시된 지역에 해당되는 경우

2. 출원구역이 다음 각 목의 어느 하나의 지역에 해당되는 경우

가. 「공유수면 관리 및 매립에 관한 법률」 제22조에 따라 수립된 공유수면매립 기본계획에 따른 매립예정지

나. 「산업입지 및 개발에 관한 법률」 제17조, 제18조, 제18조의2 및 제19조에 따라 승인을 받은 다음의 산업단지

1) 국가산업단지개발실시계획에 따른 국가산업단지

2) 일반산업단지개발실시계획에 따른 일반산업단지

3) 도시첨단산업단지개발실시계획에 따른 도시첨단산업단지

4) 농공단지개발실시계획에 따른 농공단지

다. 「물류시설의 개발 및 운영에 관한 법률」 제28조에 따라 승인을 받은 물류단지개발실시계획에 따른 물류단지

라. 「전원개발촉진법」 제5조에 따라 승인을 받은 전원개발사업의 실시계획에 따른 전원개발사업구역

마. 「택지개발촉진법」 제9조에 따라 승인을 받은 택지개발사업 실시계획에 따른 택지개발사업시행지

② 광업등록사무소장은 광업권설정의 출원이 있는 경우에는 법 제15조제2항제2호에 따른 광상에 관한 설명서가 제출된 후 다른 법령에 따라 광업권설정이 제한되는지에 대하여 관계 행정기관의 장과 협의하여야 한다. 〈개정 2010. 12. 29.〉

제12조(출원구역 등의 증감·분할·합병설정출원) ① 영 제19조제1항에 따른 출원구역이나 광구의 증감출원은 별지 제8호서식에 따라 행한다.

② 영 제19조제1항에 따른 광구의 분할 또는 합병출원은 별지 제9호서식에 따라 행한다.

③ 제1항 및 제2항의 출원에는 다음 각 호의 서류를 첨부하여야 한다.

1. 광구도(축척 6천분의 1) 3부
2. 조광권자나 저당권자의 승낙서 1부

제13조(광업출원인의 명의 변경신고 등) ① 영 제20조제1항에 따른 광업출원인의 명의 변경신고는 별지 제10호서식에 따라 행한다.

② 제1항에 따른 신고를 하는 자가 외국인이거나 외국법인인 경우에는 제8조제2항제5호의 서류를 첨부하여야 한다. 〈개정 2010. 12. 29., 2015. 5. 8., 2016. 7. 7.〉

③ 제1항에 따른 신고를 받은 광업등록사무소장은 「전자정부법」

제36조제1항에 따른 행정정보의 공동이용을 통하여 다음 각 호의 서류를 확인하여야 한다. 다만, 신고인이 확인에 동의하지 아니하는 경우에는 제1호의 서류를 첨부하도록 하여야 한다. 〈개정 2010. 12. 29., 2015. 5. 8.〉

1. 개인인 경우 : 주민등록표 초본 또는 외국인등록 사실증명서

2. 법인인 경우 : 법인 등기사항증명서

④ 영 제20조제2항 전단에 따른 상속이나 그 밖의 일반 승계로 인한 광업출원인의 명의 승계신고는 별지 제11호서식에 다음 각 호의 서류를 첨부하여 행한다. 〈개정 2010. 12. 29., 2016. 7. 7.〉

1. 명의 승계사실을 증명하는 서류 1부

2. 외국인인 경우 : 광업출원인명의의 승계 원인이 상속인 경우 다음 각 목의 서류

가. 명의승계에 필요한 사망 확인

나. 승계인이 외국인임을 증명하는 서류

다. 제8조제2항제5호의 서류

3. 상속인이 2명 이상인 경우 : 다른 상속인의 승낙서

4. 외국법인인 경우

가. 광업출원인명의의 승계 원인이 회사합병인 경우: 회사 합병을 확인할 수 있는 서류

나. 제8조제2항제5호의 서류

⑤ 제4항에 따른 신고를 받은 광업등록사무소장은 「전자정부법」 제36조제1항에 따른 행정정보의 공동이용을 통하여 법인 등기사항증명서를 확인하여야 한다. 〈개정 2010. 12. 29.〉

⑥ 영 제20조제2항 후단에 따른 광업출원인의 성명(법인의 경우에는 명칭) 또는 주소 변경신고는 별지 제12호서식에 따라 행한다. 이 경우 다음 각 호의 서류를 첨부하여야 한다. 〈개정 2010. 12. 29., 2016. 7. 7.〉

1. 개인인 경우

가. 성명 변경신고인 경우: 기본증명서

나. 주소 변경신고인 경우: 주민등록표 초본

2. 법인인 경우: 법인 등기사항증명서

3. 외국인 또는 외국법인인 경우: 변경 사실을 증명하는 서류

⑦ 제6항에 따른 신고를 받은 광업등록사무소장은 「전자정부법」 제36조제1항에 따른 행정정보의 공동이용을 통하여 주민등록표 초본 및 법인 등기사항증명서를 확인하여야 한다. 다만, 신고인이 확인에 동의하지 아니하는 경우에는 주민등록표 초본을 첨부하도록 하여야 한다. 〈개정 2010. 12. 29., 2016. 7. 7.〉

제14조(공동광업출원인의 탈퇴신고) ① 영 제20조제2항 전단에 따른 공동광업출원인의 탈퇴신고는 별지 제13호서식에 따라 행한다.

② 제1항의 경우에 사망으로 인한 공동광업출원인의 탈퇴신고의 경우에는 기본증명서(사망자의 것을 말한다)를, 임의 탈퇴의 경우에는 공동광업출원인 전원의 결의서 또는 이를 갈음할 수 있는 서류를 첨부하여야 한다. 다만, 신고서에 공동광업출원인 전원이 연서(連署)한 경우에는 탈퇴결의서 등을 첨부하지 아니한다. 〈개정 2010. 12. 29.〉

제15조(같은 광상에 묻혀 있는 광물의 확인신청서) 영 제24조제1항

에 따른 동일광상부존광물(同一鑛床賦存鑛物)확인신청서는 별지 제14호서식에 따른다.

제16조(굴진증구출원서 등) ① 영 제25조제1항에 따른 굴진증구출원서는 별지 제15호서식에 따른다.

② 영 제26조에 따른 굴진증구결정신청서는 별지 제16호서식에 따른다.

제17조(인접광구의 현장조사신청서) ① 영 제28조제1항에 따른 인접광구의 현장조사신청서는 별지 제17호서식에 따른다.

② 제1항의 신청서에는 광구도(조사하려는 지점을 표시한다) 1부를 첨부하여야 한다.

제18조(광구경계측량신청서) 영 제29조제1항에 따른 광구경계측량신청서는 별지 제18호서식에 따른다.

제19조(손실의 산정) 법 제34조제4항제1호, 영 제30조제1항제1호 전단 및 같은 조 제2항에서 "산업통상부령으로 정하는 자"란 각각 다음 각 호의 어느 하나에 해당하는 자를 말한다. 〈개정 2025. 10. 1.〉

1. 「부동산 가격공시 및 감정평가에 관한 법률」 제2조제9호에 따른 감정평가업자

2. 영 제9조제3항제1호에 따른 기관

3. 「엔지니어링산업 진흥법」 제2조제4호에 따른 엔지니어링사업자

4. 「기술사법」 제6조에 따라 기술사사무소를 개설한 기술사로서 같은 법 시행령 별표 2의2에 따른 건설(직무 범위가 지질 및 지반인 경우만 해당한다) 또는 광업자원을 직무 분야로 하는 기술사

[전문개정 2016. 7. 7.]

제19조의2(채굴권의 경매청구기간) 저당권자는 법 제36조제2항 본문에 따라 같은 조 제1항에 따른 통지를 받은 날부터 3개월 이내에 채굴권의 경매를 청구할 수 있다.

[본조신설 2016. 7. 7.]

제20조(탐사계획의 신고) ① 탐사권자는 법 제40조에 따라 탐사계획을 신고할 때에는 다음 각 호의 어느 하나의 탐사방법에 따른 탐사계획을 수립하여 신고하여야 한다.

1. 물리탐사
2. 지화학탐사
3. 시추탐사(사광상의 경우에는 시정탐사를 말한다)
4. 굴진탐사

② 제1항에 따른 탐사계획의 신고 및 변경신고는 별지 제19호서식에 따른다.

[전문개정 2010. 12. 29.]

제20조의2(굴진탐사의 허가신청 등) ① 법 제40조의2 단서에 따라 굴진탐사의 허가를 받으려는 자는 별지 제19호의2서식의 굴진탐사 허가신청서에 굴진탐사 실시사유서를 첨부하여 광업등록사무소장에게 제출하여야 한다.

② 광업등록사무소장은 굴진탐사를 허가하는 경우에는 별지 제19호의3서식의 굴진탐사 허가증을 발급하여야 한다.

[본조신설 2012. 8. 23.]

[종전 제20조의2는 제20조의3으로 이동 〈2012. 8. 23.〉]

제20조의3(탐사실적의 인정신청 등) ① 영 제37조제1항에 따라 탐

사실적을 인정받으려는 자는 별지 제20호서식에 따른 탐사실적 인정신청서에 다음 각 호의 서류를 첨부하여 광업등록사무소장에게 제출하여야 한다. 〈개정 2016. 7. 7.〉

1. 탐사결과를 반영한 광상설명서
2. 광량 보고서
3. 굴진갱도가 표시된 광구도(굴진탐사의 경우만 해당한다)
4. 탐사실적 보고서

② 광업등록사무소장은 제1항에 따라 탐사실적 인정신청서를 받은 경우에는 14일 이내에 인정 여부를 결정하여야 하고, 인정한 경우에는 별지 제21호서식에 따른 탐사실적인정서를 신청인에게 발급하여야 한다.

③ 영 제37조제3항에 따른 탐사실적 제출기간 연장신청서는 별지 제22호서식에 따른다.

④ 광업등록사무소장은 법 제41조제2항에 따라 탐사실적의 제출기간을 연장한 경우에는 별지 제23호서식의 탐사실적 제출기간 연장인가서를 신청인에게 발급하여야 한다.

[본조신설 2010. 12. 29.]

[제20조의2에서 이동 〈2012. 8. 23.〉]

제21조(채굴계획의 인가신청 등) ① 채굴권자는 영 제38조제1항에 따라 채굴계획의 인가 또는 변경인가를 신청할 때에는 별지 제24호서식의 채굴계획인가(변경인가)신청서에 다음 각 호의 서류를 첨부하여야 한다.

1. 채굴계획서 1부

2. 측량실측도(채굴위치와 시설배치의 예정지역을 표시한 축척 6천분의 1 또는 5천분의 1 도면을 말한다) 3부

② 제1항제1호의 채굴계획서에는 다음 각 호의 사항이 포함되어야 한다. 〈개정 2016. 7. 7.〉

1. 광산의 연혁

2. 광산의 지질 및 광상 개요

2의2. 광량

3. 채굴방법과 계획

4. 선광 및 제련방법과 계획

5. 주요 시설계획

6. 생산판매계획 및 수지예산

7. 광산보안시설계획

③ 특별시장·광역시장·도지사 또는 특별자치도지사(이하 "시·도지사"라 한다)는 법 제43조제2항에 따라 관할관청과 협의를 하는 경우에 필요하다고 인정할 때에는 신청인에게 필요한 서류를 제출하게 할 수 있다. 이 경우 서류의 종류와 수량은 법 제43조제1항 각 호의 허가·해제 또는 협의 사항에 대하여 해당 법령에서 정한 서류의 종류와 수량을 넘을 수 없다.

④ 시·도지사는 채굴계획의 인가 또는 변경인가를 한 경우에는 별지 제25호서식의 채굴계획인가(변경인가)서에 제1항제2호에 따른 측량실측도를 첨부하여 신청인에게 발급하여야 한다. 이 경우 법 제43조제1항 각 호에 해당하는 허가·해제 및 협의 사항이 있어 그 허가·해제 및 협의 사항에 조건·부담 등이 있거나 대상면적·유효

기간이 채굴계획인가 또는 변경인가의 대상면적·유효기간과 다른 경우에는 이를 채굴계획인가(변경인가)서의 인가조건란에 적어서 발급하여야 한다.

⑤ 시·도지사는 채굴계획의 인가 또는 변경인가를 하지 아니하기로 한 경우에는 그 사유를 신청인에게 알려야 한다.

⑥ 영 제38조제4항에 따른 채굴계획 인가신청기간 연장신청서는 별지 제26호서식에 따른다.

⑦ 시·도지사는 법 제42조제3항에 따라 채굴계획 인가신청기간을 연장한 경우에는 별지 제27호서식의 채굴계획 인가신청기간 연장인가서를 신청인에게 발급하여야 한다.

[전문개정 2010. 12. 29.]

제22조(채굴의 중단 및 재개) ① 영 제39조제1항(영 제49조에서 준용되는 경우를 포함한다)에 따른 채굴중단 인가신청서는 별지 제28호서식에 따른다.

② 시·도지사는 영 제39조제1항(영 제49조에서 준용되는 경우를 포함한다)에 따라 채굴중단 인가신청서를 받은 경우에는 5일 이내에 인가 여부를 결정하고, 인가를 한 경우에는 별지 제29호서식의 채굴중단인가서를 신청인에게 발급하여야 한다.

③ 채굴권자가 법 제42조의2제3항(법 제61조에서 준용되는 경우를 포함한다)에 따라 채굴재개신고를 하려는 경우에는 별지 제30호서식에 따라 시·도지사에게 제출하여야 한다.

[전문개정 2010. 12. 29.]

제23조(조광권 존속기간 연장인가신청서) ① 영 제41조제2항에 따

른 조광권 존속기간 연장인가신청서는 별지 제31호서식에 따른다. 이 경우 조광권 존속기간 연장신청서에는 다음 각 호의 서류를 첨부하여야 한다. 〈개정 2008. 3. 3., 2009. 12. 31., 2013. 3. 23., 2025. 10. 1.〉

1. 조광권 존속기간 연장계약서

2. 개발계획서

3. 주민등록증 등 공공기관이 발행한 본인 및 주소 확인이 가능한 신분증 사본

4. 조광권설정구역 광상의 평면도 및 단면도

5. 삭제 〈2015. 5. 8.〉

6. 산업통상부장관이 정하는 재무능력이 있음을 증명하는 서류

② 제1항에 따른 신청을 받은 시·도지사는 다음 각 호의 사항을 확인하여야 한다. 〈개정 2015. 5. 8.〉

1. 광업원부 등본

2. 법인 등기사항증명서(「전자정부법」 제36조제1항에 따른 행정정보의 공동이용을 통하여 확인한다)

③ 시·도지사가 조광권의 존속기간 연장인가를 한 경우에는 별지 제32호서식에 따른 조광권 존속기간 연장인가서를 신청인에게 발급하여야 한다.

제24조(조광권설정인가신청서) ① 영 제44조에 따른 조광권설정인가신청서는 별지 제33호서식에 따른다. 이 경우 조광권설정인가신청서에는 다음 각 호의 서류를 첨부하여야 한다. 〈개정 2015. 5. 8.〉

1. 조광권설정계약서

2. 제23조제1항제2호부터 제4호까지 및 제6호의 서류

② 제1항에 따른 신청을 받은 시·도지사는 다음 각 호의 사항을 확인하여야 한다. 〈개정 2015. 5. 8.〉

1. 광업원부 등본

2. 법인 등기사항증명서(「전자정부법」 제36조제1항에 따른 행정정보의 공동이용을 통하여 확인한다)

③ 법 제52조제2항에 따른 조광권설정인가통지서는 별지 제34호서식에 따른다.

제25조(조광권소멸신청서) 영 제47조제1항에 따른 조광권소멸신청서는 별지 제35호서식에 따른다.

제26조 삭제 〈2010. 12. 29.〉

제27조(토지 사용·수용의 인정신청서) ① 영 제53조에 따른 사업인정신청서는 별지 제36호서식에 따른다. 이 경우 사업인정신청서에는 다음 각 호의 서류를 첨부하여야 한다.

1. 광업원부 등본

2. 광산개발계획서

3. 개발예정지를 표시한 광구도

4. 해당 토지에 대한 조사서·도면 및 토지관리자의 의견서(광산개발예정지에 「공익사업을 위한 토지 등의 취득 및 보상에 관한 법률」 제19조제2항에 따른 토지가 있는 경우만을 말한다)

5. 행정기관의 의견서(광산개발예정지에 있는 토지의 이용이 법령에 따라 제한되는 경우만을 말한다)

6. 토지소유자나 관계인과의 협의 내용을 적은 서류

② 제1항에 따른 사업인정신청서는 토지소유자별로 각각 작성하여 제출하여야 한다.

③ 제1항에 따른 신청을 받은 시·도지사는 「전자정부법」 제36조제1항에 따른 행정정보의 공동이용을 통하여 토지 등기사항증명서(미등기토지인 경우에는 토지대장을 말한다)를 확인해야 한다. 〈개정 2009. 12. 31., 2010. 12. 29., 2022. 3. 30.〉

제28조(광업사무소 등의 신고) 영 제57조제1항에 따른 광업사무소의 소재지와 명칭의 신고 또는 변경신고는 별지 제37호서식에 따른다. 〈개정 2010. 12. 29.〉

제29조(광물 생산 보고서 등) ① 영 제59조에 따른 광물 생산 보고서는 별지 제38호서식에 따른다. 〈개정 2010. 12. 29.〉

② 영 제60조에 따른 갱내 실측도는 별지 제39호서식, 광업부는 별지 제40호서식에 따른다.

[제목개정 2010. 12. 29.]

제30조(수수료) ① 법 제98조에 따라 광업에 관한 출원·청구·신청 또는 신고를 하려는 자는 다음 각 호의 구분에 따라 수수료를 내야 한다. 다만, 국가나 지방자치단체의 경우에는 수수료를 내지 아니한다. 〈개정 2010. 12. 29., 2015. 5. 8.〉

1. 광업권 설정출원 또는 채굴권 존속기간 연장허가신청 : 매 건 11만 3천원. 다만, 별표에 따른 사광상에 묻혀 있는 광물의 광업권의 설정출원 또는 채굴권 존속기간 연장허가신청의 경우에는 매 건 22만 8천원으로 한다.

2. 광업출원인의 명의 변경신고 : 매 건 6만 7천원

3. 광업출원인의 명의 일반승계신고 : 매 건 2천원

4. 광업출원인의 성명(명칭)·주소 변경신고 : 매 건 2천원

5. 공동광업출원인의 대표자선정 또는 대표자변경신고 : 매 건 2천원

6. 공동광업출원인의 탈퇴신고 : 매 건 2천원

7. 광업출원구역이나 광구의 증감출원 : 매 건 9만 9천원

8. 동일광상부존광물 확인신청 또는 인접광구 현장조사신청 : 매 건 9만 9천원

9. 삭제 〈2016. 7. 7.〉

10. 조광권설정인가신청 또는 조광권 존속기간 연장인가신청 : 매 건 2만 3천원

11. 영 제26조에 따른 굴진증구결정신청 : 매 건 2만 3천원

12. 굴진증구출원 : 매 건 2천 300원

13. 탐사계획신고 또는 변경신고 : 매 건 6만 7천원

14. 탐사실적인정신청 : 매 건 6만 7천원

15. 채굴계획인가신청 : 매 건 5만 2천원

16. 채굴계획변경인가신청 : 매 건 2만 6천원

17. 채굴중단인가신청 : 매 건 2천원

18. 영 제50조에 따른 토지의 출입 또는 장애물 제거 허가신청 : 매 건 1만원

19. 영 제53조에 따른 토지의 사용 또는 수용인정신청 : 매 건 2만원

② 제1항제1호부터 제9호까지, 제11호부터 제14호까지의 수수료

는 수입인지로, 같은 항 제10호 및 제15호부터 제19호까지의 수수료는 해당 지방자치단체의 수입증지로 내야 한다. 다만, 산업통상부장관, 광업등록사무소장 또는 시·도지사는 정보통신망을 이용하여 전자화폐·전자결제 등의 방법으로 이를 납부하게 할 수 있다. 〈개정 2008. 3. 3., 2010. 12. 29., 2013. 3. 23., 2025. 10. 1.〉

제31조(규제의 재검토) 산업통상부장관은 다음 각 호의 사항에 대하여 다음 각 호의 기준일을 기준으로 2년마다(매 2년이 되는 해의 기준일과 같은 날 전까지를 말한다) 그 타당성을 검토하여 개선 등의 조치를 하여야 한다. 〈개정 2025. 10. 1.〉

1. 제8조제2항에 따른 광업권설정 출원 시의 제출서류: 2015년 1월 1일
2. 삭제 〈2016. 7. 7.〉
3. 제11조제1항에 따른 광업권설정 출원구역의 광물 채굴이 공익을 해친다고 인정되는 사유: 2015년 1월 1일
4. 제13조제4항에 따른 상속이나 그 밖의 일반 승계로 인한 광업출원인의 명의 승계신고 시의 제출서류: 2015년 1월 1일
5. 제14조에 따른 공동광업출원인의 탈퇴신고 또는 임의 탈퇴 시의 제출서류: 2015년 1월 1일
6. 제20조의3제1항에 따른 탐사실적 인정 신청 시의 제출서류: 2015년 1월 1일
7. 제23조제1항에 따른 조광권 존속기간 연장인가신청 시의 제출서류: 2015년 1월 1일
8. 제24조제1항에 따른 조광권 설정인가신청 시의 제출서류:

2015년 1월 1일

[본조신설 2014. 12. 31.]

부칙 〈제422호, 2007. 9. 27.〉

제1조 (시행일) 이 규칙은 공포한 날부터 시행한다.

제2조 (다른 법령의 개정) ① 공익사업을 위한 토지 등의 취득 및 보상에 관한 법률 시행규칙 일부를 다음과 같이 개정한다.

제43조제1항 중 "제16조의2의 규정에 의한다."를 "제19조에 따른다."로 한다.

② 국민건강보험법 시행규칙 일부를 다음과 같이 개정한다.

제36조의2제2호다목 중 "제3조"를 "제3조제2호"로 한다.

③ 산지관리법 시행규칙 일부를 다음과 같이 개정한다.

제18조제3항제5호 중 "제45조제1항의 규정"을 "제40조제1항"으로 한다.

제28조 전단 중 "제29조제1항의 규정"을 "제24조제1항"으로 한다.

④ 자연환경보전법 시행규칙 일부를 다음과 같이 개정한다.

제35조제1항제2호 중 "제4조의 규정"을 "제3조제2호"로, "동법 제47조의 규정에 따른"을 "같은 법 제42조에 따라"로 한다.

⑤ 해양생태계의 보전 및 관리에 관한 법률 시행규칙 일부를 다음과 같이 개정한다.

제42조제1항제2호 중 "제4조"를 "제3조제2호"로, "제47조에 따른"을 "제42조에 따라"로 한다.

제3조 (다른 법령과의 관계) 이 규칙 시행 당시 다른 법령에서 종전

의 「광업법시행규칙」 또는 그 규정을 인용한 경우에 이 규칙 가운데 그에 해당하는 규정이 있으면 종전의 규정을 갈음하여 이 규칙 또는 이 규칙의 해당 규정을 인용한 것으로 본다.

부칙 〈제1호, 2008. 3. 3.〉 (지식경제부와 그 소속기관 직제 시행규칙)

제1조(시행일) 이 규칙은 공포한 날부터 시행한다.

제2조 부터 제4조까지 생략

제5조(다른 법령의 개정) ① 부터 ④ 까지 생략

⑤ 광업법 시행규칙 일부를 다음과 같이 개정한다.

제3조제3항, 별지 제15호서식, 별지 제16호서식 중 "산업자원부"를 각각 "지식경제부"로 한다.

제19조제1항제1호, 제23조제1항제6호, 제30조제2항, 별표 1, 별표 2, 별지 제15호서식, 별지 제16호서식, 별지 제31호서식, 별지 제33호서식, 별지 제38호서식 중 "산업자원부장관"을 각각 "지식경제부장관"으로 한다.

별지 제8호서식 중 "건설교통부"를 "국토해양부"로 한다.

⑥ 부터 〈64〉 까지 생략

부칙 〈제114호, 2009. 12. 31.〉

이 규칙은 공포 후 3개월이 경과한 날부터 시행한다.

부칙 〈제161호, 2010. 12. 29.〉

제1조(시행일) 이 규칙은 2011년 1월 28일부터 시행한다.
제2조(수수료에 관한 적용례) 제30조제1항제1호 단서의 개정규정은 이 규칙 시행 후 최초로 광업권 설정출원을 하거나 채굴권 존속기간 연장허가신청을 하는 것부터 적용한다.

부칙 〈제169호, 2011. 1. 28.〉 (엔지니어링산업 진흥법 시행규칙)
제1조(시행일) 이 규칙은 공포한 날부터 시행한다. 〈단서 생략〉
제2조 생략
제3조(다른 법령의 개정) ① 생략
② 광업법 시행규칙 일부를 다음과 같이 개정한다.
제19조제2항제3호를 다음과 같이 한다.
3. 「엔지니어링산업 진흥법」에 따른 엔지니어링사업자
③ 및 ④ 생략
제4조 생략

부칙 〈제268호, 2012. 8. 23.〉
이 규칙은 공포한 날부터 시행한다.

부칙 〈제271호, 2012. 10. 5.〉 (법령서식 개선을 위한 계량에 관한 법률 시행규칙 등 일부개정령)
제1조(시행일) 이 규칙은 공포일부터 시행한다.
제2조(서식 개정에 관한 경과조치) 이 규칙 시행 당시 종전의 규정

에 따른 서식은 계속하여 사용하되, 이 규칙에 따라 개정된 부분은 수정하여 사용한다.

부칙 〈제1호, 2013. 3. 23.〉 (산업통상자원부와 그 소속기관 직제 시행규칙)

제1조(시행일) 이 규칙은 공포한 날부터 시행한다. 〈단서 생략〉

제2조 부터 제6조까지 생략

제7조(다른 법령의 개정) ①부터 ⑤까지 생략

⑥ 광업법 시행규칙 일부를 다음과 같이 개정한다.

제3조제3항 중 "지식경제부"를 "산업통상자원부"로 한다.

제8조제2항 각 호 외의 부분 중 "지식경제부령"을 "산업통상자원부령"으로 한다.

제19조제1항제1호 본문, 같은 조 제2항제2호, 제23조제1항제6호 및 제30조제2항 단서 중 "지식경제부장관"을 각각 "산업통상자원부장관"으로 한다.

별지 제8호서식 뒤쪽 중 "국토해양부"를 "국토교통부"로 한다.

별지 제15호서식 앞쪽, 별지 제16호서식 앞쪽, 별지 제31호서식, 별지 제33호서식 앞쪽 및 별지 제38호서식 중 "지식경제부장관"을 각각 "산업통상자원부장관"으로 한다.

별지 제15호서식 뒤쪽 및 별지 제16호서식 뒤쪽 중 "지식경제부"를 각각 "산업통상자원부"로 한다.

⑦부터 〈63〉까지 생략

부칙 〈제106호, 2014. 12. 31.〉 (규제 재검토기한 설정 등 규제정비를 위한 고압가스 안전관리법 시행규칙 등 일부개정령)

이 규칙은 2015년 1월 1일부터 시행한다.

부칙 〈제127호, 2015. 5. 8.〉

제1조(시행일) 이 규칙은 공포한 날부터 시행한다.

제2조(서식에 관한 적용례) 서식에 관한 개정규정은 이 규칙 시행 이후 제출하는 경우부터 적용한다.

부칙 〈제195호, 2016. 7. 7.〉

이 규칙은 2016년 7월 7일부터 시행한다.

부칙 〈제448호, 2022. 1. 21.〉 (고압가스 안전관리법 시행규칙 등 36개 산업통상자원부령 일부개정령)

이 규칙은 공포한 날부터 시행한다.

부칙 〈제454호, 2022. 3. 30.〉 (국민 편의를 높이는 서식 정비를 위한 7개 법령의 일부개정에 관한 산업통상자원부령)

이 규칙은 공포한 날부터 시행한다.

부칙 〈제1호, 2025. 10. 1.〉 (산업통상부와 그 소속기관 직제 시행규칙)

제1조(시행일) 이 규칙은 공포한 날부터 시행한다. 다만, 부칙 제5

조에 따라 개정되는 부령 중 이 규칙 시행 전에 공포되었으나 시행일이 도래하지 않은 부령을 개정한 부분은 해당 부령의 시행일부터 시행한다.

제2조 부터 제4조까지 생략

제5조(다른 법령의 개정) ①부터 ⑤까지 생략

⑥ 광업법 시행규칙 일부를 다음과 같이 개정한다.

제3조제3항 중 "산업통상자원부"를 "산업통상부"로 한다.

제8조제2항 각 호 외의 부분 및 제19조 각 호 외의 부분 중 "산업통상자원부령"을 각각 "산업통상부령"으로 한다.

제23조제1항제6호, 제30조제2항 단서 및 제31조 각 호 외의 부분 중 "산업통상자원부장관"을 각각 "산업통상부장관"으로 한다.

별지 제15호서식 앞쪽, 별지 제16호서식 앞쪽, 별지 제31호서식의 첨부서류란 제5호, 별지 제33호서식의 첨부서류란 제5호 및 별지 제38호서식 중 "산업통상자원부장관"을 각각 "산업통상부장관"으로 한다.

별지 제15호서식 뒤쪽의 처리절차란 및 별지 제16호서식 뒤쪽의 처리절차란 중 "산업통상자원부"를 각각 "산업통상부"로 한다.

⑦부터 〈54〉까지 생략

별표 / 서식

[별표] 사광상에 묻혀 있는 광물(제30조제1항제1호 관련)

[별지 제1호서식] (탐사권,채굴권)출원접수부

[별지 제2호서식] (탐사권,채굴권)광구 및 광업출원상황표

[별지 제3호서식] 채굴권 존속기간 연장허가신청서

[별지 제4호서식] 광업권(탐사권, 채굴권)설정출원서

[별지 제5호서식] 삭제 〈2016. 7. 7.〉

[별지 제6호서식] (탐사권,채굴권)공동광업출원인 대표자 선정신고서

[별지 제7호서식] (탐사권,채굴권)공동광업출원인 대표자 변경신고서

[별지 제8호서식] (탐사권,채굴권)의 (출원구역, 광구) 증감출원서

[별지 제9호서식] (탐사권,채굴권)의 광구(분할,합병)출원서

[별지 제10호서식] (탐사권, 채굴권)광업출원인 명의 변경신고서

[별지 제11호서식] (탐사권, 채굴권)광업출원인 명의승계 신고서

[별지 제12호서식] [(탐사권, 채굴권)광업출원인(성명, 명칭, 주소)] 변경신고서

[별지 제13호서식] (탐사권,채굴권)공동광업출원인 (임의,사망)탈퇴 신고서

[별지 제14호서식] (탐사권, 채굴권)동일광상부존광물 확인신청서

[별지 제15호서식] 굴진증구출원서

[별지 제16호서식] 굴진증구결정신청서

[별지 제17호서식] 인접광구의 현장조사신청서

[별지 제18호서식] 광구경계측량신청서

[별지 제19호서식] 탐사계획(신고서, 변경신고서)

[별지 제19호의2서식] 굴진탐사 허가신청서

[별지 제19호의3서식] 굴진탐사 허가증

[별지 제20호서식] 탐사실적 인정신청서

[별지 제21호서식] 탐사실적인정서

[별지 제22호서식] 탐사실적 제출기간 연장신청서

[별지 제23호서식] 탐사실적 제출기간 연장인가서

[별지 제24호서식] 채굴계획(인가, 변경인가)신청서

[별지 제25호서식] 채굴계획(인가서, 변경인가서)

[별지 제26호서식] 채굴계획 인가신청기간 연장신청서

[별지 제27호서식] 채굴계획 인가신청기간 연장인가서

[별지 제28호서식] 채굴중단 인가신청서

[별지 제29호서식] 채굴중단인가서

[별지 제30호서식] 채굴재개신고서

[별지 제31호서식] 조광권 존속기간 연장인가신청서

[별지 제32호서식] 조광권 존속기간 연장인가서

[별지 제33호서식] 조광권설정인가신청서

[별지 제34호서식] 조광권설정인가통지서

[별지 제35호서식] 조광권소멸신청서

[별지 제36호서식] 토지(사용, 수용)인정신청서(광업용)

[별지 제37호서식] 광업사업소 소재지 및 명칭(신고서, 변경신고서)

[별지 제38호서식] 광물생산보고서

[별지 제39호서식] 갱내실측도

[별지 제40호서식] 광업부

대한민국 법령 시리즈 323

광 업 법

법 령 / 시 행 령 / 시 행 규 칙

2025년 12월 2일 인쇄 정가 18,000원
2025년 12월 12일 발행

편 저 편집부
디 자 인 송영미
발 행 인 조준형
발 행 처 해광출판사
http://www.hgbookpub.com
E-mail : munbookcokr@naver.com
주 소 부산광역시 중구 해관로 41-1 (중앙동2가)
전화번호 (051) 253-0001 팩스 (051) 245-1187
등 록 제 2012-000005호

해광출판사에서는 여러분의 소중한 원고와 함께 할 기회를 기다리고 있습니다. 책으로 엮을 원고나 아이디어가 있으신 분들은 이메일 munbookcokr@naver.com로 책에 대한 간단한 개요와 원고 전체 또는 일부를 연락처와 함께 보내주십시오.

ISBN 979-11-6881-922-1

※ 법령 출처 : 법제처 국가법령정보센터
※ 본 도서는 〈공공데이터 제공 및 이용 활성화에 관한 법률〉을 근거로 출판되었습니다.

해광출판사 대한민국 법령 시리즈

001. 선원법
002. 어선법
003. 선박직원법
004. 해사안전기본법
005. 해양환경관리법
006. 선박의 입항 및 출항등에 관한 법률
007. 학교안전사고예방 및 보상에 관한 법률
008. 종합부동산세법
009. 방위사업법
010. 행정규제기본법
011. 식품산업진흥법
012. 위험물안전관리법
013. 화재의 예방 및 안전관리에 관한 법률
014. 도시가스사업법
015. 실내공기질관리법
016. 지방세법
017. 소득세법
018. 법인세법
019. 도선법
020. 선박안전법
021. 선박법
022. 수산업법
023. 고압가스안전관리법
024. 국민연금법
025. 공동주택관리법
026. 화학물질관리법
027. 어선원 및 어선 재해보상보험법
028. 장기등 이식에 관한 법률
029. 자연재해대책법
030. 공유재산 및 물품 관리법
031. 산업입지 및 개발에 관한 법률
032. 부정경쟁방지 및 영업비밀보호에 관한 법률
033. 금융지주회사법
034. 온실가스 배출권의 할당 및 거래에 관한 법률
035. 건축사법
036. 산림문화휴양에 관한 법률
037. 전기사업법
038. 사립학교법
039. 고등교육법
040. 액화석유가스의 안전관리 및 사업법
041. 선박투자회사법
042. 수산자원관리법
043. 위험물선박운송및저장규칙
044. 선박평형수관리법
045. 주택임대차보호법
046. 상가건물임대차보호법
047. 지방공기업법
048. 승강기안전관리법
049. 수목원·정원의 조성 및 진흥에 관한 법률
050. 민법
051. 치료감호 등에 관한 법률
052. 대부업 등의 등록 및 금융이용자 보호에 관한 법률
053. 사료관리법
054. 무형문화재 보전 및 진흥에 관한 법률
055. 총포·도검·화약류 등의 안전관리에 관한 법률
056. 경찰관직무집행법
057. 시설물의 안전 및 유지관리에 관한 특별법
058. 수산생물질병 관리법
059. 소비자기본법
060. 국제선박등록법
061. 정보통신망 이용촉진 및 정보보호 등에 관한 법률
062. 해운법
063. 농수산물 품질관리법
064. 수산업협동조합법
065. 해외건설촉진법
066. 수상레저안전법
067. 공무원재해보상법
068. 수상에서의 수색·구조 등에 관한 법률
069. 어촌어항법
070. 항만법
071. 항만운송사업법
072. 해양경비법
073. 해양사고의 조사 및 심판에 관한 법률
074. 외국인근로자의 고용 등에 관한 법률
075. 중소기업기본법
076. 자유무역지역의 지정 및 운영에 관한 법률
077. 대기환경보전법
078. 소음진동관리법
079. 폐기물관리법
080. 하수도법
081. 물환경보전법
082. 토양환경보전법
083. 환경정책기본법
084. 산업재해보상보험법
085. 관세법
086. 노동조합 및 노동관계조정법
087. 근로기준법
088. 군인연금법
089. 먹는물관리법
090. 기술보증기금법
091. 관광진흥법
092. 감염병의 예방 및 관리에 관한 법률
093. 사법경찰관리의 직무를 수행할 자와 그 직무범위에 관한 법률
094. 수의사법
095. 가정폭력방지 및 피해자보호 등에 관한 법률
096. 환경영향평가법
097. 체육시설의 설치 · 이용에 관한 법률
098. 장사 등에 관한 법률
099. 상호저축은행법
100. 은행법
101. 보호관찰 등에 관한 법률
102. 형법
103. 자동차관리법
104. 형사소송법
105. 전자금융거래법
106. 마약류 불법거래 방지에 관한 특례법
107. 도로법
108. 주세법
109. 변리사법
110. 하천법
111. 중소기업진흥에 관한 법률
112. 발달장애인 권리보장 및 지원에 관한 법률
113. 주택법
114. 장애인복지법
115. 농어업경영체 육성 및 지원에 관한 법률
116. 공인중개사법
117. 건강기능식품에 관한 법률
118. 예비군법
119. 개발제한구역의 지정 및 관리에 관한 특별조치법
120. 국유재산법
121. 주차장법
122. 환경기술 및 환경산업 지원법
123. 대기관리권역의 대기환경개선에 관한 특별법
124. 악취방지법
125. 미세먼지 저감 및 관리에 관한 특별법
126. 가축분뇨의 관리 및 이용에 관한 법률
127. 물의 재이용 촉진 및 지원에 관한 법률
128. 물관리기본법
129. 물관리기술 발전 및 물산업 진흥에 관한 법률
130. 자원의 절약과 재활용촉진에 관한 법률
131. 전기 · 전자제품 및 자동차의 자원순환에 관한 법률
132. 건설폐기물의 재활용촉진에 관한 법률
133. 수도권매립지관리공사의 설립 및 운영 등에 관한 법률
134. 폐기물의 국가 간 이동 및 그 처리에 관한 법률
135. 폐기물처리시설 설치촉진 및 주변지역지원 등에 관한 법률
136. 자원순환기본법
137. 잔류성오염물질 관리법
138. 환경분쟁 조정법

해광출판사 대한민국 법령 시리즈

139. 화학물질의 등록 및 평가 등에 관한 법률
140. 환경오염시설의 통합관리에 관한 법률
141. 환경오염피해 배상책임 및 구제에 관한 법률
142. 중소기업제품 구매촉진 및 판로지원에 관한 법률
143. 환경개선비용 부담법
144. 환경분야 시험·검사 등에 관한 법률
145. 환경친화적 산업구조로의 전환촉진에 관한 법률
146. 환경친화적 자동차의 개발 및 보급 촉진에 관한 법률
147. 환경범죄 등의 단속 및 가중처벌에 관한 법률
148. 생명윤리 및 안전에 관한 법률
149. 장애인차별금지 및 권리구제 등에 관한 법률
150. 부동산투자회사법
151. 정치자금법
152. 과학기술기본법
153. 대리점거래의 공정화에 관한 법률
154. 상속세 및 증여세법
155. 학원의 설립 · 운영 및 과외교습에 관한 법률
156. 해양심층수의 개발 및 관리에 관한 법률
157. 전기용품 및 생활용품 안전관리법
158. 사회기반시설에 대한 민간투자법
159. 공직선거법
160. 정당법
161. 유류오염손해배상 보장법
162. 부정청탁 및 금품등 수수의 금지에 관한 법률
163. 항로표지법
164. 어장관리법
165. 민방위기본법
166. 공직자윤리법
167. 선거관리위원회법
168. 유선 및 도선 사업법
169. 전기공사업법
170. 사회복지사업법
171. 택지개발촉진법
172. 국가공무원법
173. 민간임대주택에 관한 특별법
174. 어음법·수표법
175. 민사집행법
176. 상법
177. 문화예술진흥법
178. 중소기업협동조합법
179. 농업협동조합법
180. 도로교통법
181. 의료사고 피해구제 및 의료분쟁 조정 등에 관한 법률
182. 산림보호법
183. 소년법
184. 동물보호법
185. 건축물관리법
186. 도시개발법
187. 화물자동차 운수사업법
188. 도시 및 주거환경정비법
189. 의료법
190. 국회법
191. 응급의료에 관한 법률
192. 출입국관리법
193. 노인복지법
194. 산림자원의 조성 및 관리에 관한 법률
195. 청소년 보호법
196. 초 · 중등교육법
197. 혁신도시 조성 및 발전에 관한 특별법
198. 경제자유구역의 지정 및 운영에 관한 특별법
199. 공공기관의 운영에 관한 법률
200. 대한민국헌법
201. 국민기초생활 보장법
202. 저작권법
203. 가사소송법
204. 국가유공자 등 예우 및 지원에 관한 법률
205. 국민체육진흥법
206. 전통주 등의 산업진흥에 관한 법률
207. 재난 및 안전관리 기본법
208. 정보통신공사업법
209. 주식회사 등의 외부감사에 관한 법률
210. 공익사업을 위한 토지 등의 취득 및 보상에 관한 법률
211. 개인정보 보호법
212. 국세기본법
213. 에너지이용 합리화법
214. 감정평가 및 감정평가사에 관한 법률
215. 국가인권위원회법
216. 가맹사업거래의 공정화에 관한 법률
217. 보건의료기본법
218. 산업안전보건법
219. 법무사법
220. 교육공무원법
221. 특허법
222. 민사소송법
223. 아동복지법
224. 전파법
225. 하도급거래 공정화에 관한 법률
226. 기초연금법
227. 사립학교교직원 연금법
228. 직업안정법
229. 장애아동 복지지원법
230. 부동산등기법
231. 자동차손해배상 보장법
232. 철도안전법
233. 항공안전법
234. 전자상거래 등에서의 소비자보호에 관한 법률
235. 독점규제 및 공정거래에 관한 법률
236. 상표법
237. 채무자 회생 및 파산에 관한 법률
238. 공무원연금법
239. 축산법
240. 근로복지기본법
241. 민원 처리에 관한 법률
242. 약사법
243. 방문판매 등에 관한 법률
244. 건축기본법
245. 지방세기본법
246. 지방세징수법
247. 지방자치법
248. 도시교통정비 촉진법
249. 공공주택 특별법
250. 국세징수법
251. 공인노무사법
252. 중대재해 처벌 등에 관한 법률
253. 외무공무원법
254. 소방시설공사업법
255. 검역법
256. 공중위생관리법
257. 할부거래에 관한 법률
258. 인터넷 멀티미디어 방송사업법
259. 전기통신사업법
260. 제품안전기본법
261. 철도사업법
262. 어린이제품 안전 특별법
263. 영유아보육법
264. 원자력안전법
265. 보험업법
266. 경비업법
267. 교통안전법
268. 세무사법
269. 관세사법
270. 공인회계사법
271. 지방공무원법
272. 고용정책 기본법
273. 국가경찰과 자치경찰의 조직 및 운영에 관한 법률
274. 협동조합 기본법
275. 재해구호법
276. 환경보건법

해광출판사 대한민국 법령 시리즈

277. 자살예방 및 생명존중문화 조성을 위한 법률
278. 소방산업의 진흥에 관한 법률
279. 소방기본법
280. 비송사건절차법
281. 자연환경보전법
282. 변호사법
283. 기업구조조정투자회사법
284. 전기통신기본법
285. 에너지법
286. 해양생태계의 보전 및 관리에 관한 법률
287. 사회보장기본법
288. 통신비밀보호법
289. 공증인법
290. 물류시설의 개발 및 운영에 관한 법률
291. 청소년활동 진흥법
292. 형의 집행 및 수용자의 처우에 관한 법률
293. 도시공원 및 녹지 등에 관한 법률
294. 태권도 진흥 및 태권도공원 조성 등에 관한 법률
295. 녹색건축물 조성 지원법
296. 우편법
297. 예금자보호법
298. 건설산업기본법
299. 금융회사의 지배구조에 관한 법률
300. 장애인활동 지원에 관한 법률
301. 언론중재 및 피해구제 등에 관한 법률
302. 국가재정법
303. 농지법
304. 게임산업진흥에 관한 법률
305. 정신건강증진 및 정신질환자 복지서비스 지원에 관한 법률
306. 디자인보호법
307. 의료기사 등에 관한 법률
308. 스마트도시 조성 및 산업진흥 등에 관한 법률
309. 내수면어업법
310. 한국주택금융공사법
311. 의료기기법
312. 유통산업발전법
313. 전통시장 및 상점가 육성을 위한 특별법
314. 여신전문금융업법
315. 해외자원개발 사업법
316. 산업교육진흥 및 산학연협력촉진에 관한 법률
317. 빈집 및 소규모주택 정비에 관한 특례법
318. 기업도시개발 특별법
319. 전력기술관리법
320. 국토기본법
321. 지하수법
322. 식품위생법
323. 광업법
324. 호스피스·완화의료 및 임종과정에 있는 환자의 연명의료결정 에 관한 법률
325. 주식·사채 등의 전자등록에 관한 법률
326. 표시·광고의 공정화에 관한 법률
327. 골재채취법
328. 국민건강증진법
329. 새마을금고법
330. 여객자동차 운수사업법
331. 마리나항만의 조성 및 관리 등에 관한 법률
332. 한부모가족지원법
333. 국가를 당사자로 하는 계약에 관한 법률
334. 지방자치단체를 당사자로 하는 계약에 관한 법률
335. 축산물 위생관리법
336. 병역법
337. 음악산업진흥에 관한 법률
338. 국가균형발전 특별법
339. 첨단재생의료 및 첨단바이오의약품 안전 및 지원에 관한 법률
340. 공간정보의 구축 및 관리 등에 관한 법률
341. 공유수면 관리 및 매립에 관한 법률
342. 농수산물 유통 및 가격안정에 관한 법률
343. 아시아문화중심도시 조성에 관한 특별법
344. 신탁법
345. 자연공원법
346. 생활화학제품 및 살생물제의 안전관리에 관한 법률
347. 군인사법
348. 국제조세조정에 관한 법률
349. 낙동강수계 물관리 및 주민지원 등에 관한 법률
350. 주민등록법
351. 집합건물의 소유 및 관리에 관한 법률
352. 집단에너지사업법
353. 산림조합법
354. 반도체집적회로의 배치설계에 관한 법률
355. 자본시장과 금융투자업에 관한 법률
356. 담보부사채신탁법
357. 근로자퇴직급여 보장법
358. 국제과학비즈니스벨트 조성 및 지원에 관한 특별법
359. 수도법
360. 식품 등의 표시·광고에 관한 법률
361. 약관의 규제에 관한 법률
362. 인삼산업법
363. 종자산업법
364. 항공사업법
365. 건설기계관리법
366. 군형법
367. 궤도운송법
368. 기술의 이전 및 사업화 촉진에 관한 법률
369. 농수산물의 원산지 표시 등에 관한 법률
370. 담배사업법
371. 석유 및 석유대체연료 사업법
372. 가축전염병 예방법
373. 농어촌정비법
374. 식물신품종 보호법
375. 항공보안법
376. 중소기업창업 지원법
377. 군사법원법
378. 우주개발 진흥법
379. 해저광물자원 개발법
380. 산림복지 진흥에 관한 법률
381. 지능형 로봇 개발 및 보급 촉진법
382. 헌법재판소법
383. 옥외광고물 등의 관리와 옥외광고산업 진흥에 관한 법률
384. 혈액관리법
385. 국제항해선박 등에 대한 해적행위 피해예방에 관한 법률
386. 유료도로법
387. 독립유공자예우에 관한 법률
388. 신에너지 및 재생에너지 개발·이용·보급 촉진법
389. 신용정보의 이용 및 보호에 관한 법률
390. 출판문화산업 진흥법
391. 공항시설법
392. 국민 평생 직업능력 개발법
393. 아동·청소년의 성보호에 관한 법률
394. 방송법쉬
395. 신용보증기금법
396. 화장품법
397. 청소년 기본법
398. 인터넷주소자원에 관한 법률
399. 양곡관리법
400. 도로명주소법
401. 전자문서 및 전자거래 기본법
402. 산업기술의 유출방지 및 보호에 관한 법률
403. 국가기술자격법
404. 양식산업발전법
405. 산업기술혁신 촉진법
406. 새만금사업 추진 및 지원에 관한 특별법
407. 전자정부법
408. 지역 개발 및 지원에 관한 법률
409. 한국농어촌공사 및 농지관리기금법
410. 계량에 관한 법률
411. 기업활동 규제완화에 관한 특별조치법
412. 군에서의 형의 집행 및 군수용자의 처우에 관한 법률

해광출판사 대한민국 법령 시리즈

413. 규제자유특구 및 지역특화발전특구에 관한 규제특례법
414. 금융위원회의 설치 등에 관한 법률
415. 남녀고용평등과 일·가정 양립 지원에 관한 법률
416. 농어업인 삶의 질 향상 및 농어촌지역 개발촉진에 관한 특별법
417. 댐건설·관리 및 주변지역지원 등에 관한 법률
418. 국가유산수리 등에 관한 법률
419. 법원조직법
420. 보훈보상대상자 지원에 관한 법률
421. 부패방지 및 국민권익위원회의 설치와 운영에 관한 법률
422. 과학기술분야 정부출연연구기관 등의 설립·운영 및 육성에 관한 법률
423. 연구개발특구의 육성에 관한 특별법
424. 친환경농어업 육성 및 유기식품 등의 관리·지원에 관한 법률
425. 연안관리법
426. 영화 및 비디오물의 진흥에 관한 법률
427. 신용협동조합법
428. 방송통신발전 기본법
429. 범죄피해자 보호법
430. 가축 및 축산물 이력관리에 관한 법률
431. 국가표준기본법
432. 국가통합교통체계효율화법
433. 범죄인 인도법
434. 국가과학기술 경쟁력 강화를 위한 이공계지원 특별법
435. 국제경기대회 지원법
436. 금융혁신지원 특별법
437. 수자원의 조사·계획 및 관리에 관한 법률
438. 축산자조금의 조성 및 운용에 관한 법률
439. 소방시설 설치 및 관리에 관한 법률
440. 양성평등기본법
441. 축산계열화사업에 관한 법률
442. 수입식품안전관리 특별법
443. 대외무역법
444. 국가연구개발사업 등의 성과평가 및 성과관리에 관한 법률
445. 무역보험법
446. 기술사법
447. 광산안전법
448. 농약관리법
449. 농업·농촌 및 식품산업 기본법
450. 문화산업진흥 기본법
451. 부담금관리 기본법
452. 야생생물 보호 및 관리에 관한 법률
453. 한국은행법
454. 별정우체국법
455. 원양산업발전법
456. 콘텐츠산업 진흥법
457. 한국수출입은행법
458. 외국인투자 촉진법
459. 물류정책기본법
460. 전자서명법
461. 산업발전법
462. 산업표준화법
463. 소프트웨어 진흥법
464. 토지이용규제 기본법
465. 해수욕장의 이용 및 관리에 관한 법률
466. 정보통신 진흥 및 융합 활성화 등에 관한 특별법
467. 정보통신산업 진흥법
468. 지진·화산재해대책법
469. 소금산업진흥법
470. 위치정보의 보호 및 이용 등에 관한 법률
471. 외국법자문사법
472. 이러닝(전자학습)산업 발전 및 이러닝 활용 촉진에 관한 법률
473. 암관리법
474. 실용신안법
475. 가족관계의 등록 등에 관한 법률
476. 무인도서의 보전 및 관리에 관한 법률
477. 감사원법
478. 정보보호산업의 진흥에 관한 법률
479. 결혼중개업의 관리에 관한 법률
480. 공익신고자 보호법
481. 박물관 및 미술관 진흥법
482. 낚시 관리 및 육성법
483. 동산·채권 등의 담보에 관한 법률
484. 임금채권보장법
485. 국민투표법
486. 농림수산업자 신용보증법
487. 국가채권 관리법
488. 중소기업은행법
489. 식품안전기본법
490. 외국환거래법
491. 발명진흥법
492. 건설기술 진흥법
493. 기후위기 대응을 위한 탄소중립·녹색성장 기본법
494. 인체조직안전 및 관리 등에 관한 법률
495. 엔지니어링산업 진흥법
496. 신문 등의 진흥에 관한 법률
497. 식물방역법
498. 석탄산업법
499. 산업융합 촉진법
500. 비료관리법
501. 임업 및 산촌 진흥촉진에 관한 법률
502. 복권 및 복권기금법
503. 대규모유통업에서의 거래 공정화에 관한 법률
504. 뉴스통신 진흥에 관한 법률
505. 지능정보화 기본법
506. 자격기본법
507. 중소기업 기술혁신 촉진법
508. 국가공간정보 기본법
509. 농어업재해대책법
510. 방송광고판매대행 등에 관한 법률
511. 지식재산 기본법
512. 초고층 및 지하연계 복합건축물 재난관리에 관한 특별법
513. 해양 조사와 해양정보 활용에 관한 법률
514. 공간정보산업 진흥법
515. 공공기관의 정보공개에 관한 법률
516. 행정기본법
517. 해상교통안전법
518. 농어업재해보험법
519. 문화유산의 보존 및 활용에 관한 법률
520. 자연유산의 보존 및 활용에 관한 법률
521. 국토의 계획 및 이용에 관한 법률
522. 건축법
523. 국민건강보험법
524. 계엄법
525. 환경친화적 선박의 개발 및 보급 촉진에 관한 법률
526. 해양폐기물 및 해양오염퇴적물 관리법
527. 연안사고 예방에 관한 법률
528. 전기안전관리법
529. 의약품 등의 안전에 관한 규칙
530. 공공보건의료에 관한 법률
531. 군보건의료에 관한 법률
532. 농어촌 등 보건의료를 위한 특별조치법
533. 보호소년 등의 처우에 관한 법률
534. 국가를 당사자로 하는 소송에 관한 법률
535. 간호법
536. 국립묘지의 설치 및 운영에 관한 법률
537. 주류 면허 등에 관한 법률
538. 부가가치세법
539. 자율운항선박 개발 및 상용화 촉진에 관한 법률

*** 해광출판사의 법령 시리즈는 계속 발행 됩니다.**
**** 각 도서의 개정판은 인쇄일을 기준으로 제작 되었습니다.**